KB238104

처음읽는
미래과학 교과서

두번째 이야기

미래자동차

| 발간에 부쳐 |

21세기로 접어들면서 인류는 유사 이래 그 어느 때보다도 격렬한 기술 발전을 경험하고 있습니다. 공학기술은 인류의 미래에 무한한 가능성을 열어주고 있지만 핵폭탄, 환경오염에 따른 생태 파괴, 합성물질의 위협에서 보듯 자칫 인류의 생존을 위협할 수도 있습니다.

'처음 읽는 미래과학 교과서' 시리즈는 청소년이 공학 분야를 쉽고 흥미롭게 이해하고 기술문명이 가져올 미래의 변화에 대해 고민할 수 있게 함으로써 더욱더 풍성한 21세기 과학한국의 미래를 열기 위한 기획입니다. 실제 우리의 삶에 가장 밀접하게 존재함에도 불구하고 낯설고 멀게만 느껴졌던 공학을 편안하고 가깝게 느끼도록 하는 것이 발간의 목적입니다. 우리의 미래생활을 위한 비전북이 되기를 희망합니다.

이 시리즈는 산업자원부의 지원을 받아 **NAEK** 한국공학한림원과 김영사가 발간합니다.

처음읽는 미래과학 교과서
두번째 이야기 미래자동차

지음_ 현영석
그림_ 이승민

1판 1쇄 인쇄_ 2006. 12. 22.
1판 4쇄 발행_ 2015. 6. 27.

발행처_ 김영사
발행인_ 김강유

등록번호_ 제406-2003-036호
등록일자_ 1979. 5. 17.

경기도 파주시 문발로 197(문발동) 우편번호 413-120
마케팅부 031)955-3100, 편집부 031)955-3250, 팩시밀리 031)955-3111

저작권자 ©2006 현영석
이 책의 저작권은 저자에게 있습니다.
서면에 의한 저자와 출판사의 허락 없이 내용의 일부를 인용하거나 발췌하는 것을 금합니다.

Copyright © 2006 Young-Suk Hyun
All rights reserved including the rights of reproduction
in whole or in part in any form. Printed in Korea.

값은 뒤표지에 있습니다.
ISBN 978-89-349-2185-4 03500
ISBN 978-89-349-2183-8 (세트)

독자의견 전화_ 031)955-3104
홈페이지_ http://www.gimmyoung.com
이메일_ bestbook@gimmyoung.com

좋은 독자가 좋은 책을 만듭니다.
김영사는 독자 여러분의 의견에 항상 귀 기울이고 있습니다.

김영사

처음읽는

미래과학 교과서

두번째 이야기

미래자동차

헌영석 지음

김영사

contents

02 세계의 명차 기행

사람보다 똑똑하고 기계보다 따뜻한
미래자동차가 지금 우리 눈앞에서 달린다

자동차 전문기관인 JD 파워(J.D. Power)에서는 한 해 자동차 수요가 6,800만 대(2006년 기준) 수준에서 앞으로 15년 후인 2021년에는 1억 400만 대로 늘어날 것으로 예측하고 있다. 유럽에서 탄생하여 120년의 역사를 가진 자동차는 미래에도 편리한 수송기관으로 또 나아가 움직이는 생활공간으로 더욱 발전할 것임을 쉽게 짐작할 수 있게 하는 수치이다.

그럼 15년 뒤에 등장할 미래자동차의 특징은 무엇일까? 전문가들의 예측은 저공해 또는 무공해 자동차와 지능형 자동차로 모아지고 있다. 2021년에는 하이브리드 자동차의 생산과 수요가 크게 늘어나 성장기에 이르고, 무공해 연료전지 자동차도 기술 및 경제성 문제를 해결하고 서서히 상용화되기 시작할 것으로 예상되기 때문이다.

2006년 자동차 부품을 포함해 380억 달러 수출, 330억 달러 무역흑자를 실현하여 대한민국 최대 수출, 최대 흑자 산업인 자동차 산업은 앞으로도 1인당 국민소득 3만 달러를 달성하고 더 많은 일자리를 만드는 중요한 산업으로 계속 발전할 것이다.

1960년대 무에서 유를 만들어 내어 세계 10대 무역 국가에 진입했고, 산업 수준에서는 세계 5대 자동차 생산 국가에 오른 대한민국 발전의 중요한 원동력 중의 하나는 과학기술에 관심을 가진 우수한 과학자와 기술자들의 헌신적인 노력이었다. 우수한 인재가 나라와 산업, 그리고 기업 발전의 가장 중요한 원동력인 것이다.

이 책에서는 과거 바퀴의 역사에서부터 자동차의 탄생과 발전, 정보통신기술을 활용하여 자동차의 안전과 편리성을 크게 높이는 지능형 자동차와 저공해 또는 무공해 자동차로서 미래자동차에 대해서 과학적인 원리까지를 살펴보고자 한다.

대한민국의 정보통신기술은 자타가 공인하는 세계 최고 수준이다. 따라서 정보통신을 자동차에 이용하는 지능형 자동차 개발에 있어서도 한국이 최고가 될 수 있고, 이렇게 되면 국내 자동차 개발과 자동차 산업은 더욱 발전할 것이다.

무엇보다 우리 학생들이 자동차에 대한 기술적 원리를 보다 쉽게 이해하고 미래자동차에 대한 과학적 흥미를 가지며 즐거운 마음으로 읽어 가기를 바란다. 또한 이를 통해 자동차에 대해 보다 큰 관심을 가져 미래 한국 자동차 산업이 더욱 더 발전할 수 있는 밑거름이 되기를 기대해 본다.

현영석

01
자동차의 탄생

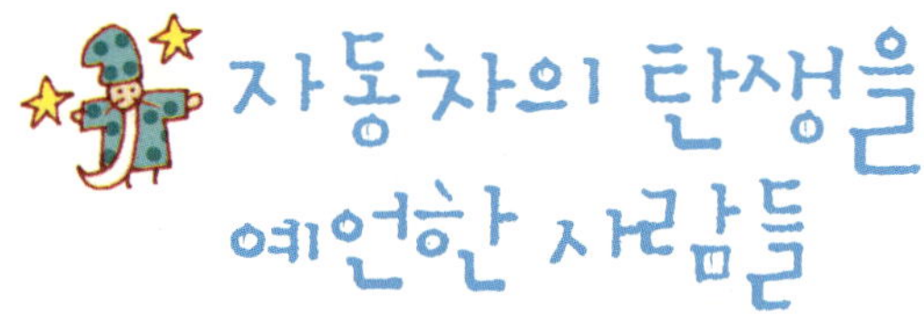

자동차의 탄생을 예언한 사람들

사람들은 상상하기 시작했다 – 꿈을 현실로

미래를 예측하는 힘은 인간의 무한한 상상력으로부터 나온다. 국내에서만 1,600만여 대의 자동차가 거리를 뒤덮으며 우리 생활의 필수품이 된 오늘날의 모습은 몇 천 년 전부터 시작된 인류의 작은 꿈이 있었기에 가능하였다. 역사가 시작된 이후, 사람들은 물건을 옮기면서 그리고 이곳저곳 이동하면서 작은 꿈을 꾸었다. 좀 더 편하게, 좀 더 빠르게 그리고 좀 더 안전하게 이동할 수는 없을까? 그리고 이 꿈을 현실로 만들기 위하여 사람들은 상상력을 발휘하기 시작하였다.

최초의 바퀴가 발명되고 수레가 등장하고 또 동물을 이용한 탈것이 만들어지면서 인류의 삶의 모습은 빠르게 변화하였고 사람들은 이전과는 비교할 수 없을 정도의 편리한 생활을 누릴 수 있게 된다. 하지만 처음 꾸었던 꿈은 여전히 사람들 마음속에 남아서 새롭고 좀 더 편리한 모습의 미래를 상상하게 만들었다.

　말이나 소의 도움 없이도 스스로 달릴 수 있는 수레를 만들 수는 없을까? 세계 최초로 이런 상상을 한 사람은 프란체스코회 수도사이며 과학자이자 철학자였던 영국의 로저 베이컨(Roger Bacon, 1214~1294)이었다. 베이컨은 자신의 저서 『과학적 근대철학』에서 자동차, 비행기,

기선 등의 출현을 예언하였다. 하지만 그는 이 때문에 악마의 기적을 일으키려 한다는 모함을 받아 10년간 감옥에 갇혔으며 그 책은 사후 300년 동안 금서 목록에 오르게 된다.

한편 르네상스 시대의 대예술가인 레오나르도 다빈치가 태엽으로 달리는 자동차를 스케치로 남긴 것은 잘 알려진 이야기이다. 1480년 봄 어느 날 아침, 다빈치는 성당에 걸린 벽시계를 고치다가 갑자기 튕겨 나온 스프링에 자신의 머리를 다쳤는데, 여기에서 아이디어를 얻은 다빈치는 태엽을 감았다가 놓으면 풀어지는 힘을 이용하여 달리는 태엽 자동차를 설계했다. 비록 다빈치의 태엽 자동차가 지금의 눈으로 볼 때는 아이들 장난감 정도의 수준이었지만 역사가들은 현대적 자동차의 기원으로 평가하고 있다.

다빈치의 태엽 자동차

다빈치 이후로 인간은 말이나 소와 같은 동물들의 힘을 빌리지 않고 바람의 힘이나 물의 힘에 의해서 움직이는 운송 수단에 대한 꿈을 버리지 않았으며, 더 나아가서는 바람이나 물의 도움 없이도 자체의 힘만으로 달리

는 '말 없이 가는 수레(horseless wagon)' 를 상상하기에 이른다.

한편 16세기 중엽 프랑스의 대예언가 노스트라다무스의 예언 속에도 자동차의 모습이 등장한다. 노스트라다무스는 자신을 총애하던 앙리 2세의 왕비 카트린과 승마를 하던 중 미래의 사람들도 말을 타고 다닐 것인지 궁금해하는 왕비의 질문을 받고서는, 먼 훗날엔 사람들이 말을 타고 다니지 않고 쇠로 만들어진 네모난 모양의 바퀴가 달린 것을 타고 다니게 될 것이라고 예언했다. 그 새로운 탈것은 카로세(Carroser, 중세 프랑스의 사륜 승용 마차)처럼 생겼는데, 사람들은 그것이 카로세보다 빠르니까 줄여서 카로(Carro)라 부를 것이며 말이 끄는 마차는 없어

지고 카로가 온 지구를 뒤덮을 것이라고 말했다.

노스트라다무스의 예언 이후 반세기도 지나지 않아 동물의 힘을 빌리지 않고 움직이는 최초의 탈것인 풍력 자동차가 네덜란드의 시몬 스테빈(Simon Stevin)에 의해서 만들어졌고, 350여 년이 지난 20세기 초에는 드디어 미국의 자동차 왕 헨리 포드(Henry Ford, 1863~1947)가 만든 포드 '모델 T'가 대량 생산되기 시작하였다.

굴려라! – 회전하는 바퀴에 숨은 꿈과 상상력

바퀴의 발명은 불의 발견만큼이나 중요한 인류 역사상 위대한 발명 중 하나로 꼽힌다. 고대 문명에서 처음 등장한 바퀴는 운송 수단으로 쓰인 것이 아닌 흙을 올려놓고 토기를 만들기 위해 사용했던 돌림판이었다. 그러나 회전운동을 하는 돌림판은 점차 운송 수단의 중요한 일부분으로 발전하게 된다.

흥미로운 점은 운송 수단으로서의 바퀴가 세계 고대 문명 모두에서 사용된 것은 아니라는 사실이다. 이집트에서 피라미드를 지을 때에도 바퀴를 이용한 것으로는 보이지 않는다. 고대 이집트 사람들은 무거운 물건을 운반할 때 오히려 썰매를 이용했다. 모래로 뒤덮인 사막에서는 바퀴보다 썰매가 더 편리했기 때문일 것이다. 마찬가지로 지금도 에스키모는 얼음 위를 개가 끄는 썰매로 이동하고 있다.

미끄럼마찰을 굴림마찰로 바꿀 수 있다면 훨씬 작은 힘으로도 물건을 움직일 수 있는 것이 사실이지만 미끄럼마찰이 특히 작은 얼음판 위와 같은 경우에는 만들기 복잡한 바퀴 달린 수레보다는 간단한 썰매를 이용하는 편이 더 손쉬운 일이었다. 하지만 자연환경을 극복하고 더 많은 물건과 사람들을 이동시켜야만 할 필요성이 증가하면서 바퀴는 점차 모든 문화권에서 운송 수단의 중요한 일부분으로 널리 쓰이게 된다.

최초의 바퀴는 단순한 둥근 통나무였다. 이것을 물건 아래 깔고 물건을 굴려서 움직였는데, 사람이 뒤따르면서 무거운 통나무를 일일이 옮겨야 하는 불편함이 있었다. 기원전 3500년경 메소포타미아 사람들은 좀 더 가늘고 둥근 나무를 차축으로 만들고 그 양쪽 끝에 통나무를 둥글게 자른 원판을 붙여서 진정한 의미의 바퀴를 만들게 된다.

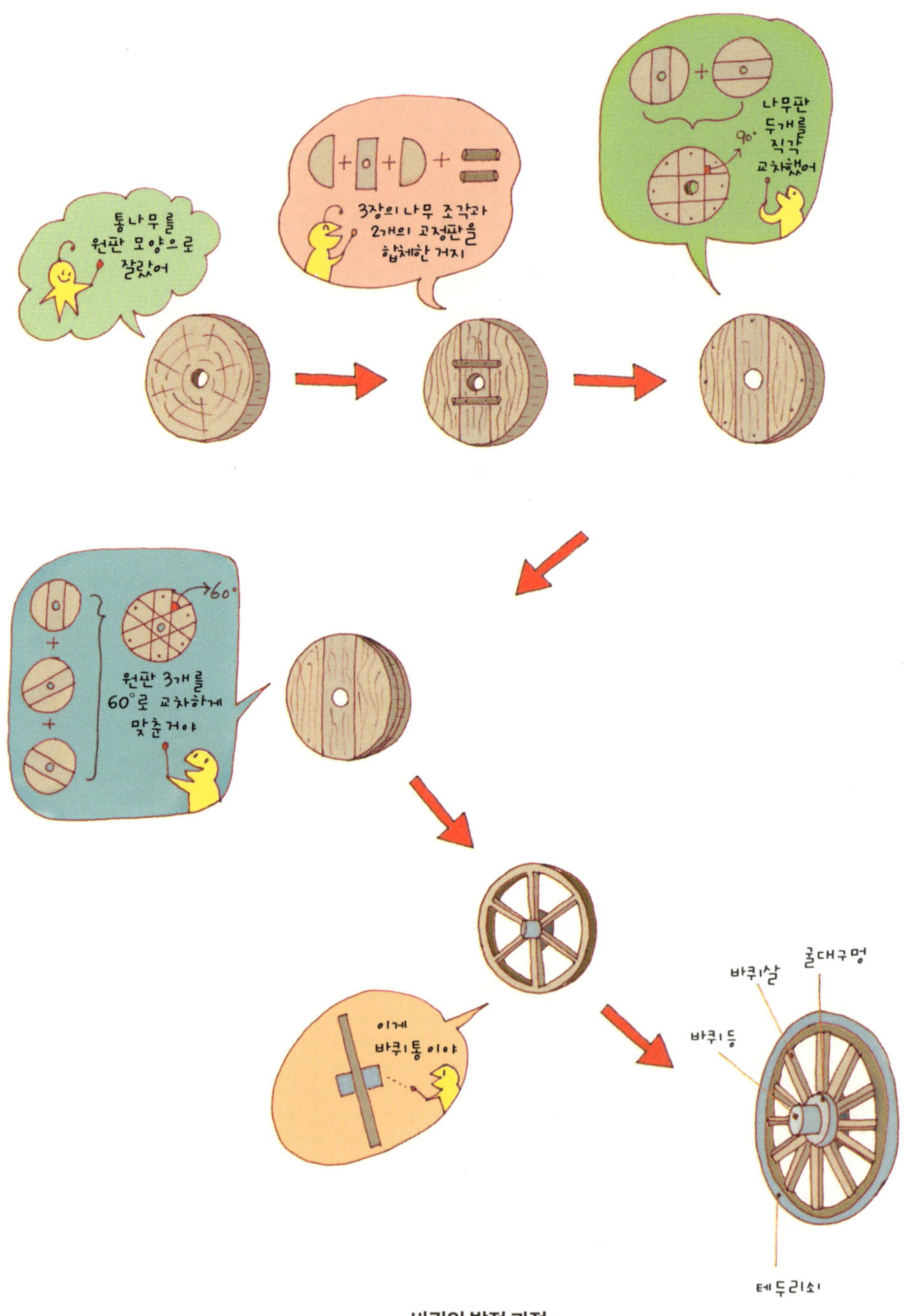
통나무를
원판 모양으로
잘랐어
3장의 나무 조각과
2개의 고정판을
합체한 거지
나무판
두개를
직각
교차했어
90°
원판 3개를
60°로 교차하게
맞춘거야
60°
이게
바퀴통이야
바퀴살
굴대구멍
바퀴등
테두리쇠

바퀴의 발전 과정

처음에는 하나의 둥근 나무판으로 바퀴를 만들었으나 후에는 보통 세 장의 널빤지를 결합해 원형으로 만들어 바퀴로 사용했고, 바퀴의 둘레에는 가죽을 덧대기도 하였다. 유물이나 기록을 통해 살펴보면, 기원전 2000년경 이후부터는 바퀴살이 있는 바퀴가 사용된 것 같다. 바퀴에 바퀴살이 생겨난 이유는 합판 바퀴가 무겁고 조종하기 어려웠기 때문이었다. 처음에는 합판 바퀴를 가볍게 만들기 위해서 바퀴에 구멍을 뚫었는데, 차차 바퀴가 발달되면서 바퀴살이 방사상의 띠처럼 만들어진 것이다.

네 바퀴 수레는 중동에서 처음 발명되었다. 황소 대신 말이 사용되었고 바퀴가 보다 강해졌다. 운송에 중요한 기술혁신은 15세기에 등장한 마차였다. 이것은 차대가 탈것의 몸체와 분리되어 있다는 점에서 기존의 짐마차와는 달랐다. 승객이 타는 객실은 체인 또는 가죽 끈으로 지탱되어 객실이 차축과 직접적으로 연결되지 않아 여행이 보다 안락해졌다.

하지만 중세 사람들은 탈것을 이용한 여행이 부끄러운 행위이며, 마차는 노약자나 부인들이 즐기는 것이라고 생각하여 이용을 꺼렸다. 마차는 16, 17세기에 들어서면서 진정한 귀족의 상징물이 되었다. 재미있는 것은 당시 나쁜 도로 사정 때문에 마차의 속도가 매우 느렸는데, 노련한 도보 여행자의 경우 하루에 마차보다 더 먼 길을 걷기도 했다고 한다.

차돌이 Q 자동차 박사님, 자동차 타이어는 언제 어떻게 만들어졌나요?

박사 A 19세기의 마차나 증기자동차는 쇠막대기로 바퀴살을 만들고, 그 위에 나무를 이어 붙여 타이어로 사용했단다. 돌부리라도 지날 때면 쿵쾅쿵쾅 사람들은 춤을 춰야 했지. 이후 1839년 미국인 찰스 굿이어(Charles Goodyear)는 생고무에 유황을 섞어 딱딱한 고무를 만들어 냈고, 이것으로 타이어를 만들었어. 한결 부드러워진 타이어 덕분에 승차감도 같이 좋아지게 됐단다.

차돌이 Q 박사님, 요즘 타이어는 풍선처럼 안에 공기를 채우잖아요. 이렇게 공기를 불어넣는 타이어는 언제부터 만들어진 건가요?

박사 A 공기 튜브가 들어간 고무 타이어는 1888년 스코틀랜드의 수의사 존 보이드 던롭(John Boyd Dunlop)이 처음으로 고안해 냈단다. 던롭의 열 살짜리 아들이 자전거 대회에 나가게 됐는데 그 아들을 위해, 물을 가득 채운 고무 타이어를 만들어 달아 준 것이 세계 최초의 튜브형 고무 타이어였어. 1894년 프랑스인 앙드레 미슐랭(André Michelin)은 자동차에 공기 튜브를 넣은 타이어를 장착해 자동차 경주에 참가했지. 타이어 표면에 울퉁불퉁한 무늬를 새겨 미끄럼을 방지한 것은 1908년 파이어스톤 타이어 회사가 세계 최초였단다.

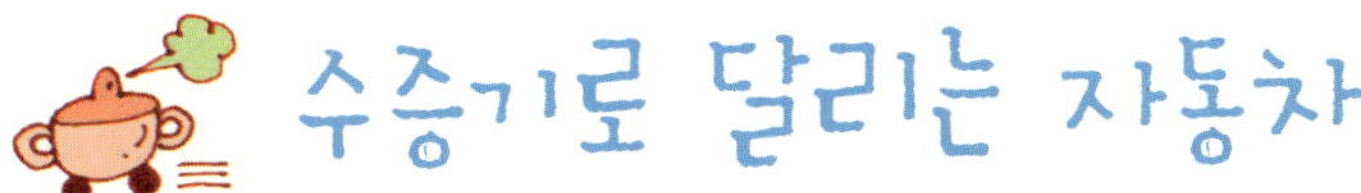

새로운 심장 – 증기자동차의 탄생

18세기 중반 영국에서 시작된 산업혁명은 농업 중심의 사회를 공업 중심의 사회로 발전시켰고, 이러한 변화는 사람들의 삶의 모습을 이전과는 비교할 수 없을 정도로 바꾸어 놓았다. 이 당시 사람들의 가장 큰 고민은 사람과 화물을 신속하게 실어 나르는 것이었다. 하지만 숨 가쁘게 변화하는 세상의 속도를 말이 끄는 마차로는 도저히 감당할 수 없었다.

사람들은 새로운 형태의 운송 수단을 찾게 되었다. 그 무렵인 1765년과 1784년 사이에 영국 남서부의 항구도시인 글래스고의 기계공이었던 제임스 와트가 저압 증기 엔진을 완성하게 된다. 그러나 와트의 증기 엔진은 부품들이 엄청나게 컸다. 그래서 기차나 자동차와 같은 탈것의 동력으로 쓰기에는 적당하지 않았다.

비슷한 시기에 프랑스의 공병 장교였던 니콜라 조제프 퀴뇨(Nicolas Joseph Cugnot, 1725~1804)는 대포나 군용 수레를 쉽게 움직일 수 있는 방법을 연구하고 있었다. 그는 마침 제임스 와트의 증기 엔진에 대한 소식을 듣고 직접 확인하기 위해 영국으로 건너간다.

퀴뇨는 와트의 증기 엔진을 본 순간, 그것을 이용해서 자동으로 굴러가는 수레를 만들면 대포 같은 것도 쉽게 끌고 다닐 수 있을 것이라고 생각했고 그날부터 연구를 시작했다. 설계도를 그리는 데만 2년이 넘는 시간이 걸렸고, 제작에 필요한 돈을 마련하는 데도 애를 먹었다.

마침내 1769년, 한 귀족의 후원으로 6개월 만에 증기 엔진을 단 자동차를 완성하였다. 그것은 무게가 5톤이나 나가고, 바퀴가 세 개이며, 앞에는 커다란 솥을 매단 괴상한 모양의 차였다. 퀴뇨의 자동차는 커다란 보일러에서 연기와 흰 수증기를 내뿜으며 사람이 걷는 정도의 속도로 앞으로 나아갔다. 말이 끌지 않아도 혼자의 힘으로 굴러가는 이 신기한 수레를 보고 사람들은 놀랍고 신기해했다.

이 자동차는 2시간 정도 달려서 7km를 움직였다. 그러나 물이 끓어서 금방 없어지기 때문에 20분마다 보일러에 물을 채워야 한다는 것과 물을 채우고 나서는 다시 20분 동안 증기가 발생하기를 기다려야 한다는 점이 불편했다. 그리고 지나치게 무거운 솥 때문에 쉽게 커브를 돌 수 없는 문제점도 있었다.

이렇듯 온갖 어려움을 딛고 제작된 퀴뇨의 자동차는 첫 시험 운행에

담벼락에 부딪힌 퀴뇨의 증기자동차

성공하는 듯싶었지만, 앞에 건 무거운 솥 때문에 커브를 도는 데 실패하고 그만 어느 집 담벼락을 들이받고 말았다. 이후 시끄러운 괴물을 몰고 다니며 사람들을 공포에 빠지게 한 죄로 퀴뇨는 결국 감옥에 갇히고 말았다. 이것이 자동차 역사에 기록된 제1호 교통사고이다.

증기자동차가 마차를 밀어내다

퀴뇨가 최초로 증기자동차를 만든 이후 유럽 각지에서는 증기자동차에 대한 연구가 활발히 이루어졌다. 1784년 영국의 윌리엄 머독(William Murdock)은 퀴뇨와 마찬가지로 세 개의 바퀴가 달린 증기자동차를 만들어 시운전에는 성공하였으나 실용화에 실패하였다. 그리고 머독 아래서 일하던 기술자 리처드 트레비식(Richard Trevithick, 1771~1833)이 1801년 매우 실용적인 증기자동차를 만드는 데 성공하였다. 그는 사람이 많이 탈 수 있는 자동차를 만들어 13km의 속도로 런던 시내에서 주행하였는데, 이것은 증기 엔진을 이용한 최초의 택시였다.

　비슷한 시기에 미국에서는 올리버 에번스(Oliver Evans, 1755~1819)가 미국 최초의 자동차 관련 특허를 취득하였다. 이 특허를 이용해 에번스는 1804년 증기 엔진을 탑재한 자동차를 만들어 판매를 시작하였다. 에번스가 만든 자동차의 특이한 점은 육상뿐만이 아니라 수상에서도 이동할 수 있는 미국의 첫 번째 수륙양용 자동차였다는 것이다.

에번스의 수륙양용 자동차

　이후 증기자동차는 1820년부터 본격적으로 보급이 늘어나 1900년대 초까지 '증기자동차의 황금시대'가 열리게 된다. 그러나 영국의 경우, 증기자동차가 보급되면서 미처 생각하지 못했던 문제가 생겨나기 시작했다. 무거운 자동차의 무게로 도로가 파손되었으며, 석탄을 때면서 나오는 검은 연기는 공기를 오염시켰고, 마차를 끌던 마부들이 일자리를 잃으면서 실업자가 급증하였다.

　증기자동차는 점차 시민들의 반감을 불러일으켰다. 증기자동차의 발달을 눈엣가시로 여기던 마부들은 이런 시민들의 반감을 등에 업고 증기자동차를 규제하라는 압력을 넣었다. 결국 영국은 1865년 '붉은 깃발 법(Red Flag Act)'이라는 법률을 제정해 증기자동차를 규제하게 된다. 이 법은 역사상 최초의 자동차 관련 규제법이다.

증기 엔진의 발전은 철도의 모습도 변화시켰다. 철도의 역사는 1530년경까지 거슬러 올라간다. 당시 독일의 탄광에서는 석탄을 운반하기 위해 소나 말이 끄는 마차를 나무로 만든 궤도 위로 다니게 하였는데,

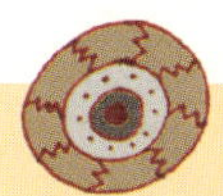

세계 최초의 자동차 규제법, 붉은 깃발 법(Red Flag Act)

영국에서 1865년 '붉은 깃발 법'이 선포되었다. 자동차의 등장으로 퇴색하기 시작한 마차를 보호하기 위해 빅토리아 여왕이 성은을 내린 것이다. 법안의 주요 내용은 첫째, 한 대의 자동차에는 세 사람의 운전사가 필요하고, 그 중 한 사람은 낮에는 붉은 깃을 밤에는 붉은 등을 가지고 자동차의 55m 앞을 마차로 달리며 길을 안내해야 한다. 둘째, 자동차의 속도는 시속 6.4km, 시가지에서는 시속 3.2km로 제한한다. 셋째, 밤에는 반드시 촛불이나 가스불을 달고 운행해야 한다. 넷째, 시의 경계를 지날 때에는 도로세를 내야 한다는 것이었다.

산업혁명 이후 엔진의 발명으로 급속히 발달된 증기자동차는 붉은 깃발 법이 선포될 당시 이미 시속 30km 이상으로 달릴 수 있었다. 그러나 영국에서는 빅토리아 여왕의 성은으로 시속 6.4km로, 그것도 마차가 앞에서 안내하면서 달릴 수밖에 없었다. 이 법은 영국의 자동차 산업을 크게 위축시켰으며 1896년에 폐지되었다. 그러나 영국에서 달리지 못하던 자동차가 프랑스와 독일에서는 이미 대량 생산 체제를 갖추며 대단한 인기를 누리고 있었다. 사양 산업인 마차를 보호하기 위한 규제가 결국은 마차와 자동차를 모두 잃게 한 셈이다.

이것이 철도의 시작이라고 할 수 있다. 그 후 18세기에 들어와서 영국에서는 나무 대신 주철을 사용하여 궤도가 쉽게 망가지는 것을 방지하였고, 또 마차의 바퀴가 궤도를 벗어나지 않도록 하였다. 그러나 여전히 말이 마차를 끄는 것은 변함이 없었다.

철도에도 증기 엔진이 쓰인 것은 그로부터 100여 년이 지난 후이다. 영국에서 처음으로 증기자동차를 만드는 데 성공했던 트레비식은 1804년 증기기관차를 만들어 철광 공장에서 운하까지 연결하는 16km 구간의 노선에서 말 대신 철광석 운반차를 끌게 하였는데, 시속 8km의 느린 속도로 10톤의 철광석을 운반하는 데 그쳤다.

증기기관차가 본격적으로 화물 운송 수단으로 사용될 수 있게 한 장본인은 탄광에서 석탄을 운반하는 마차를 운전하였던 조지 스티븐슨

사람들 앞에서 자신의 증기기관차를 선보이는 트레비식

(George Stephenson, 1781~1848)이다. 스티븐슨은 석탄을 손쉽게 운반하기 위하여 증기 엔진을 이용한 증기기관차에 관심을 갖게 되었고, 1814년에 '블레처호'로 이름을 붙인 증기기관차를 만들었는데, 이 증기기관차는 시속 6.5km의 매우 느린 속도로 운행되었다.

속도를 높이기 위한 스티븐슨의 노력은 계속되었고 증기 엔진을 기관차의 바퀴에 직접 연결하는 장치를 개발하는 데 성공하게 된다.

1823년에는 새로운 노선에 운행할 증기기관차의 주문을 받았고, 드디어 1825년 9월 27일에는 21대의 기차와 화차를 이끈 '로커모션호'가 힘찬 기적과 함께 달리며 본격적인 증기기관차의 시대를 열었다.

스티븐슨의 증기기관차 시험

주행 증기 엔진은 좀 더 편하고 좀 더 빠르고 좀 더 안전한 운송 수단이라는 인간이 오랫동안 꿈꾸어 왔던 소망을 이루는 데 커다란 도움이 되었다.

특히 증기기관차의 놀라운 발전은 많은 화물과 사람들을 빠르고 안전하게 그리고 멀리까지 실어 나를 수 있게 하였고, 이것은 사람들의 삶의 모습을 이전과는 비교할 수 없을 정도로 바꾸어 놓았다. 수백 명의 사람과 어마어마한 양의 화물을 실은 수십 대의 기차를 시커먼 연기와 굉음을 내며 시속 120km의 속도로 끌고 가는 증기기관차를 보면서

미국에서 20세기 초까지 사용된 말이 끄는 버스

사람들은 새로운 세계를 꿈꿀 수 있었던 것이다.

하지만 사람들은 개인적인 이동에는 여전히 말과 마차를 많이 이용하였다. 증기 엔진은 아무리 발전해도 그 특성상 부피가 컸고 많은 양의 물과 연료를 필요로 했기 때문에 개인적인 운송 수단에 쓰기에는 한계가 있었던 것이다. 사람들은 좀 더 편리한 운송 수단을 꿈꾸며 새로운 심장을 상상하기 시작한다. 큰 부피를 차지하지도 않고 적은 양의 연료로도 힘 있고 오래 움직일 수 있는 그런 심장을 말이다.

좀 더 작게, 좀 더 힘차게 – 가솔린 엔진의 발명

인류의 역사가 시작된 이후 18세기에 증기 엔진이 발명되기 이전까지는 정치, 경제, 사회, 문화 등 인간의 삶의 모든 면에서 변화는 아주 느린 속도로 진행되었다.

하지만 증기 엔진의 발명은 유럽 대부분의 지역에서 산업혁명을 불러일으켰고, 산업혁명을 겪으며 사람들의 생활 모습은 놀라울 정도의 빠른 속도로 변화되어 갔다. 공장에서 돌아가는 증기 엔진은 끊임없이 물건들을 만들어 냈고, 증기선은 더 이상 바람의 도움 없이도 지구 이곳저곳을 돌아다녔으며, 증기기관차는 굉음을 울리며 유럽 곳곳으로 사람과 물건들을 쉴 새 없이 날랐다.

하지만 증기 엔진은 커다란 보일러에 불을 지펴 물을 끓이고 여기에

슬라이드 밸브
커넥팅 로드
크랭크축
증기
피스톤 로드
크랭크
플라이휠
배기
밸브 로드
밸브실
실린더
피스톤
크로스헤드
편심축

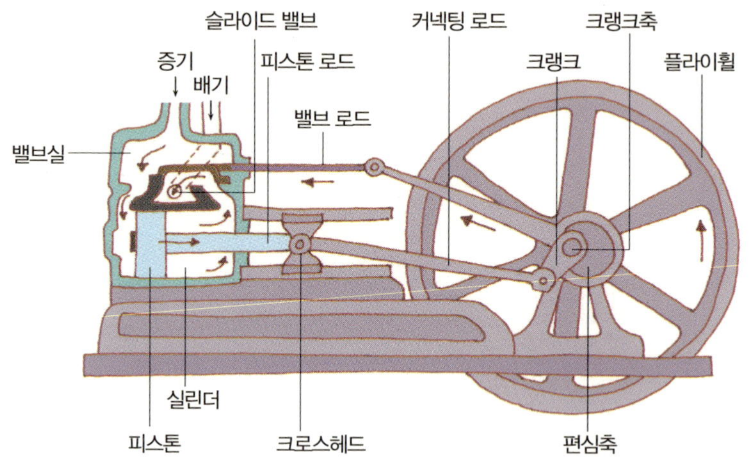

증기 엔진의 작동 원리

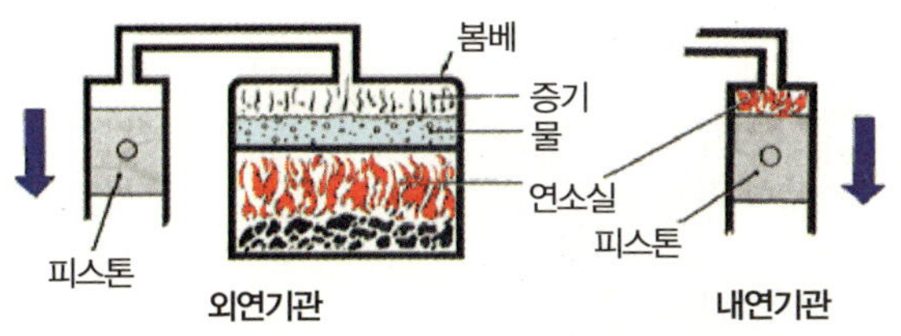

외연기관과 내연기관의 차이점

서 발생된 증기를 실린더에 밀어 넣어 힘을 발생시키는 덩치가 큰 외연기관이다 보니 공장이나 커다란 선박에는 어울릴지 모르지만, 개인적인 용도로 쓰일 작은 자동차의 심장으로는 적당하지 않았다.

결국 인간은 보다 작고 강력한 엔진을 꿈꾸었고 마침내 외부의 커다란 보일러가 필요 없는 내연기관을 발명해 내기에 이른다. 연료를 실린더 내에서 직접 연소시켜 여기서 발생하는 고온·고압의 가스를 이용하는 내연기관은 증기를 만들 보일러가 필요 없었기 때문에 증기 엔진에 비해서 부피는 훨씬 작아지면서 동시에 열효율은 높아졌다.

밀폐된 관, 즉 실린더 안에서 연료를 폭발시켜 그 힘으로 회전운동을 만드는 내연기관의 개념은 17세기 후반의 네덜란드 물리학자 크리스티안 호이겐스(Christiaan Huygens, 1629~1695)가 처음으로 생각해 냈다. 그는 실린더 안에서 화약을 폭발시킨 힘으로 피스톤을 움직여 작동되는 새로운 엔진을 발명해 냈지만 제대로 작동하지 않았다.

호이겐스 이후, 최초의 성공적인 내연기관은 1860년에 프랑스인 에티엔 르누아르(J. J. Etienne Lenoir, 1822~1900)에 의해 제작되었다. 그는 실린더 안에 석탄가스를 주입하고 전기 점화 장치로 폭발시키는 2

초기 내연기관의 모습

행정 엔진을 만들어 작동에 성공했다.

하지만 실린더 안에 석탄가스를 압축하여 주입한 것이 아니라 대기압과 비슷한 상태에서 폭발하는 것이었기 때문에 열효율은 4% 정도에 불과했다. 그러나 제임스 와트가 증기기관을 개발할 당시 열효율이 2%였던 것과 비교하면 엄청난 가능성을 보인 것이다. 1862년 그는 최초로 석탄가스를 연료로 하는 내연기관을 장착한 자동차를 만들어 3시간 동안 10km를 달리는 데 성공하였다.

1876년에는 내연기관의 역사에서 가장 중요한 발명이 독일의 니콜라우스 오토(Nicolaus A. Otto, 1832~1891)에 의해 이루어진다. 오토는 차와 커피 설탕을 팔러 다니던 영업사원이었다.

그는 르누아르의 2행정 엔진에 관심을 갖고 당시 설탕 공장 사장이었던 랑겐(Eugen Langen)과 함께 세계 최초의 엔진 회사를 만들게 된다. 그리고 오토는 처음으로 실용화된 흡입–압축–폭발–배기의 4행정 내연기관을 만들게 되는데 이것이 바로 오토 사이클 엔진(Otto Cycle Engine)이다.

자신의 첫 차를 탄 다임러, 운전자는 아들

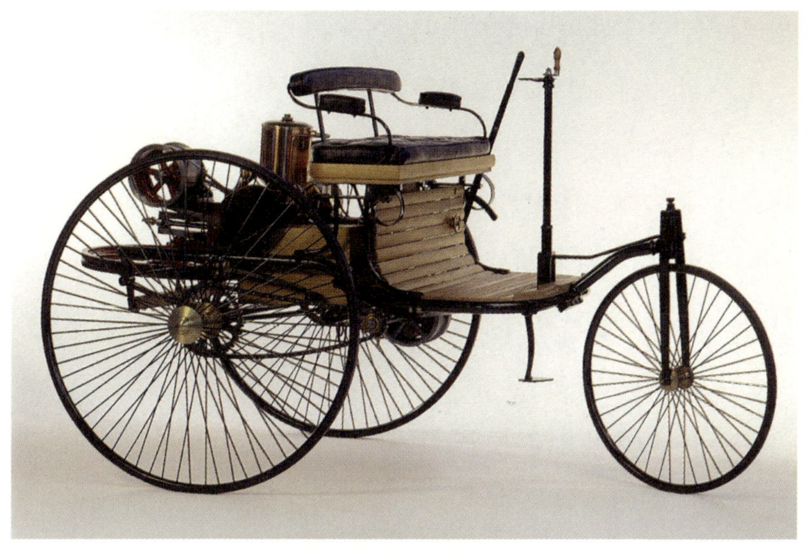

1885년 제작된 벤츠의 3륜 자동차

이전 르누아르의 엔진은 석탄가스만을 그것도 압축하지 않고 실린더에서 폭발시켜 힘을 얻었기 때문에 성능이 낮았다. 이에 반해 실린더 내부로 석탄가스와 공기를 혼합하여 우선 흡입하고 이를 압축한 후에 점화해서 폭발시킨 후 연소 가스를 밖으로 배출하는 오토의 엔진은 실용화하기에 부족함이 없었고 실제로 그에게 큰 부와 명예를 안겨 주었다.

한편 오토의 회사에는 또 한 명의 위대한 엔지니어인 고틀리에프 다임러(Gottlieb Daimler, 1834~1900)가 있었는데, 현대적인 의미의 자동차 산업은 그에게서 비롯되었다.

오토가 설립한 엔진 공장 '도이츠'의 기술 감독이었던 다임러는 오토 엔진을 더욱 발전시켜 상업적으로 생산하기 시작하였다. 1883년 다임러는 '실린더 한 개짜리의 가벼운 엔진'에 대한 특허권을 얻은 후 이 것을 두 발 수레, 보트 그리고 자동차에 사용하였다.

1885년에는 석탄가스가 아닌 가솔린을 사용하는 자동차 엔진을 개발하여 자전거에 적용하였다. 그리고 이듬해인 1886년 현대적 의미의 2인승 4륜 자동차에 자신이 만든 가솔린 엔진을 장착하는 데 성공하였는데, 이것은 지금 우리가 타고 다니는 자동차와 매우 흡사한 구조를 갖춘 최초의 자동차였다.

다임러의 자동차 발명과 비슷한 시기인 1885년, 독일의 발명가인 카를 벤츠(Karl Benz, 1844~1929)도 가솔린 엔진을 탑재한 3륜 자동차를 개발하였다. 당시 이 두 사람은 100km 정도 떨어진 곳에 살면서 서로 상대방의 존재를 모른 채 각자 자동차를 발명하였다.

독일은 이 두 사람을 모두 '근대 자동차의 아버지'로 부르고 있다. 이들이 세운 회사는 1926년 합병하여 유럽 최대의 기업인 다임러 벤츠 그룹(Daimler Benz AG)으로 성장하게 된다.

에너지의 효율을 높여라 – 디젤 엔진의 발명

19세기가 저물어 가고 있을 무렵, 유럽의 산업은 가솔린 엔진과 증기 엔진 이 두 개의 심장으로 돌아가고 있었다. 그러나 문제는 두 개의 심장 모두 효율이 낮다는 점이었다. 증기 엔진은 10%, 가솔린 엔진은 20% 정도의 열효율밖에 내지 못했다.

특히 공장이나 대형 선박 분야에서 여전히 중요한 동력으로 자리 잡고 있던 증기 엔진의 낮은 열효율은 산업의 발전에 걸림돌이 되고 있었다.

차돌이 Q 박사님, 벤츠와 다임러가 세계 최초로 가솔린 자동차를 발명하기까지 그들 부인들의 공로가 상당히 컸다고 하던데 사실인가요?

박사 A 아무렴 사실이고 말고. 벤츠와 다임러에게 아내가 없었더라면, 그들은 근대 자동차의 아버지라는 명예도 얻지 못했을 거란다. 1879년 12월의 마지막 날 벤츠의 아내 베르타 벤츠 링거(Berta Benz Ringer)는 남편에게 그의 발명품인 엔진의 시동을 걸어 보길 제안했어. 그동안 수백 번 시험을 했지만 엔진은 말을 듣지 않았었거든. 때문에 벤츠는 속이 많이 상해 있었는데, 아내의 제안에 마지막으로 한 번만 해보자는 심정으로 엔진의 시동을 걸었단다. 결과는 대성공이었지. 남편의 기를 살려 주기 위한 아내의 마음이 좌절될 수도 있었던 근대 자동차의 탄생을 성공시킨 거야.

차돌이 Q 박사님, 저도 아무리 어려운 문제가 닥치더라도 포기하지 않을래요. 그런데 다임러의 부인은 자동차의 발명과 어떤 관계가 있었던 건가요?

박사 A 다임러가 가솔린 엔진을 탑재한 4륜 자동차를 개발한 동기도 바로 그의 부인이었지. 다임러는 40세 생일을 맞은 부인에게 어떤 선물을 할까 고민에 고민을 거듭했단다. 그리고는 직접 만든 자동차를 선물하기로 결정했지. 여성용 마차에 그가 개발한 가솔린 엔진을 처음으로 탑재했는데 이것이 바로 가솔린 엔진으로 움직이는 세계 최초의 4륜 자동차가 된 거야. 아내의 생일날 아침 다임러 부부는 이 4륜 자동차를 타고 최고 시속 15km로 주행에 성공했단다.

초기 디젤 엔진

유럽의 엔지니어들은 적은 연료로 좀 더 많은 힘을 내는 동력원을 개발하려는 연구를 끊임없이 하였고, 그 첫 성과가 디젤 엔진의 발명이었다.

루돌프 디젤(Rudolf Diesel, 1858~1913)은 파리에서 태어나 독일 뮌헨 대학을 졸업했다. 대학 때 증기 엔진의 원리를 공부하면서 증기 엔진의 열효율이 매우 낮다는 사실을 알게 된 그는 새로운 고효율 기관을 발명할 마음을 먹게 된다.

증기 엔진에 수증기 대신 가열한 암모니아 증기를 사용하면 열효율을 높일 수 있다는 생각을 하게 된 디젤은 1885년 실험실을 파리에 세우고 긴 연구에 돌입하였다. 처음 생각했던 암모니아 증기를 사용하려던 계획은 암모니아의 심한 냄새와 금속을 부식시키는 성질 때문에 포기하였다.

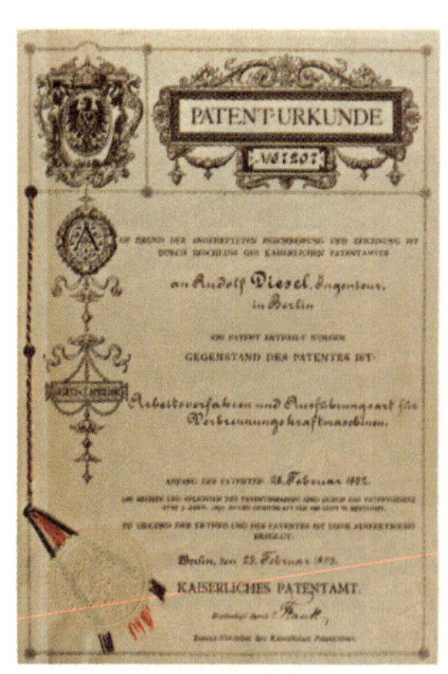
디젤이 받은 엔진 특허장

다음으로 디젤이 생각해 낸 것은 압축 공기의 이용이었다. 실린더 안에서 공기를 압축하면 온도가 급격히 올라가고 이때 연료를 주입하면 불꽃 없이도 연료가 자연 폭발하는 원리를 이용하는 방법을 쓰기로 하였다. 그러나 당시 기술로는 저절로 불이 붙을 만큼 공기를 압축하는 것은 불가능한 일로 여겨졌다.

기술적인 어려움을 극복하기 위해 연구비를 지원해 줄 회사를 찾아 다니던 디젤은 1893년 독일의 아우크스부르크 기계 제작소로부터 엔진의 실용화에 성공할 경우 판매권을 회사에 넘긴다는 조건으로 후원을 받게 된다.

그리고 그해 8월 10일, 디젤은 첫 모델을 선보이지만 휘발유를 사용한 첫 시험은 폭발음과 함께 실패로 끝났다. 그 후 디젤은 여러 번의 시도 끝에 1894년 2월 드디어 제대로 된 엔진을 개발하고 1896년 12월 31일 두 번째 모델의 시운전에 성공한다.

그는 이 엔진으로 특허를 얻었고 아내의 권유에 따라 엔진 이름을 '디젤 엔진'이라고 붙였다. 디젤 엔진의 연료 효율은 30%대 정도였고 가솔린 엔진의 절반 정도의 연료를 가지고 똑같은 힘을 내는 대단한 성능을 보였다.

디젤은 새로운 엔진의 발명으로 많은 돈을 벌었지만 위기의식을 느낀 증기 엔진과 가솔린 엔진

최초의 디젤 엔진 자동차 벤츠 260D

제작자들로부터 공격을 받았고, 특허권의 독점 문제와 회사의 경영 문제로 어려움을 겪게 된다.

1913년 디젤은 영국에 세워진 디젤 엔진 공장의 준공식에 참석하기 위해 배를 타고 도버해협을 건너던 중에 실종됐으며 10여 일 뒤 그의 시체가 바닷가에서 발견되었다.

디젤 엔진은 증기 엔진이나 가솔린 엔진에 비해 높은 열효율을 보이며 새로운 동력원으로 관심을 받았지만 특허권에 기록된 기술적인 제한 때문에 초기에는 저속 운전의 발전기 등에만 사용되었으며 자동차 엔진용으로 개발된 것은 디젤이 사망한 후부터이다.

1936년에는 최초의 디젤 엔진 승용차인 벤츠 260D가 베를린 모터쇼에 등장하였다. 4기통 2,550cc 엔진을 얹혔으며 최고 45마력을 내는

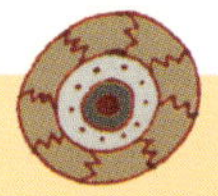

아우토반(Autobahn)

독일의 자동차 전용 고속도로인 '아우토반'은 어떻게 생겨났을까? 벤츠가 처음 자동차를 발명했을 때 사람들은 굉음을 내며 거리를 달리는 수레를 매우 위험하다고 생각해 운행을 금지해 줄 것을 요청하였다. 당시 경찰서장은 벤츠에게 시속 6km 이상 달리지 못하도록 했는데, 제 속도를 내지 못해 속앓이를 하던 벤츠는 독일 내무장관을 자신의 자동차에 태우고 더 빨리 달릴 수 있도록 허락해 줄 것을 요청하였다. 벤츠의 노력은 성공했고, 이 영향으로 독일에 속도를 제한하지 않는 자동차 전용도로 아우토반이 탄생하였다.

260D는 가솔린 엔진 자동차에 비해 무겁고 속도도 느리며 가격도 비쌌다. 하지만 연료비가 적게 들고 오래 달릴 수 있다는 장점 때문에 택시에 주로 사용되었다.

그러나 디젤 엔진의 특성인 소음과 진동 때문에 일반 소비자들은 가솔린 엔진을 선호하였고, 디젤 엔진은 주로 버스나 트럭 같은 상용차 및 발전소 선박 등의 초대형 엔진에 적용되었다.

시대를 앞서간 꿈 – 전기 자동차의 등장과 퇴장

흔히 미래자동차의 한 모습으로 무공해 저소음의 전기 자동차를 들고 있다. 그러나 놀랍게도 전기 자동차는 가솔린 자동차보다 30여 년이나 앞서 탄생하였고, 20세기 초반까지도 유럽과 특히 미국에서 내연기관 자동차를 압도하였다.

오늘날 휴대전화에 배터리를 끼워 사용하듯이 전기 자동차도 배터리

전기 자동차를 살피는 에디슨

로 운행된다. 1899년 자동차 레이스에서 전기 자동차가 시속 105km를 기록하여 세계 신기록을 세우기도 하였다.

하지만 전기 자동차를 운행하기 위해서는 무려 1톤 가까이나 나가는 배터리가 필요했고 한 번 충전한 후 주행할 수 있는 거리도 짧았으며 또한 충전 시간도 길다는 근본적인 약점을 개선하지 못하였다. 성능이 좋아진 내연기관 자동차가 속속 등장하자 결국 전기 자동차는 1920년경에 완전히 자취를 감추고 말았다.

그 후 자동차 배기가스 문제를 해결하기 위한 방편으로 전기 자동차 실용화 문제가 다시 거론되고 있으나 전기 자동차용 배터리의 무게와 성능은 현재에도 숙제로 남아 있다.

1899년 시속 105km를 기록한 전기 자동차

02
세계의 명차 기행

미국 포드 '모델 T' – 세계 최초의 대량 생산형 자동차

전통적으로 유럽의 자동차가 사람의 손이 많이 가는 공예품 성격을 띤 차였다면 미국의 자동차는 공업 제품의 성격이 강했다. 이러한 전통을 만든 데에는 미국의 자동차 왕 포드의 영향력이 결정적이었다. 포드는 1908년 '모델 T'를 개발한 후 1913년 세계 최초로 자신의 공장에 컨베이어 벨트 시스템을 도입하고 표준화된 부품을 사용하여 자동차 대량 생산의 시작을 알렸다.

헨리 포드는 남북전쟁 직후인 1863년 7월 30일 디트로이트에서 몇 km 떨어진 한 농가에서 태어났다. 평범한 소년이었지만 그는 허드렛일보다는 집안에 있는 연장들을 들고 다니며 무엇이든지 고치고 만들기를 좋아했고, 개성이 강해 남들이 무엇이라 하든 아랑곳하지 않고 자기 멋대로 하고 다녔다. 그는 나이를 먹고 디트로이트로 나가 증기 엔진을 수리하는 곳에 견습공으로 들어갔는데 당시로서는 가장 각광받는 직업이었던 청년 기술자가 된 것이다.

하지만 아들을 곁에 불러들이기를 원했던 포드의 아버지는 밭 40에이커를 내주며 그를 구슬렸다. 포드는 아버지의 제안을 수락하고 집으로 돌아와 전부터 좋아했던 마을 처녀 클라라 제인 브라이언트와 결혼하고 농사를 짓기로 결심하였다.

만약 그 무렵 유럽에서 새로 발명된 내연기관이었던 오토 엔진의 전시가 디트로이트에서 열리지 않았더라면 그는 기계 만지기를 좋아하는 한 농부로서 일생을 마쳤을지도 모른다.

외연기관인 증기 엔진 기술자였던 포드에게 독일 사람 니콜라우스 오토의 휘발유를 실린더 안에서 연소시키는 새로운 엔진은 너무나도 매력적인 것이었다. 포드는 그것의 구조와 작동을 유심히 보며, 자기 손으로 만들어 보고 싶었다. 힘에 비해 크기와 무게가 작은 그 엔진을 수레에 얹어 스스로 움직이게 하는 것도 상상해 보았다.

그러나 그는 전기에 대해서는 아는 것이 전혀 없었기 때문에 엔진을 연구하기 위해서는 전기를 알아야 했다. 그는 그 길로 에디슨 조명

1913년 포드 공장

1930년대 포드 공장

회사로 달려가 일자리를 구했고, 집과 농토를 버려둔 채 가족을 데리고 디트로이트로 나왔다.

그 후 포드는 자동차 공업의 선구자이고 대량 생산, 대량 판매의 창시자이며 컨베이어를 이용한 흐름 생산이라는 새로운 생산기술의 개발자가 되었다.

특히 포드가 확립한 이동 조립법은 컨베이어와 생산의 표준화를 주축으로 하면서 컨베이어와 작업자의 동시 작업 수행을 기계적으로 가

능하도록 하였다.

헨리 포드가 자신의 철학을 실천하기 위해서는 제품의 단순화, 부품의 호환을 이룰 수 있는 생산의 표준화 그리고 대량 생산을 실현할 수 있는 이동 조립 방식이 가능해야만 했는데, 이를 위해서는 무엇보다도 생산의 표준화가 이루어져야만 했다. 생산의 표준화는 제품의 단순화, 부분품의 규격화, 기계 및 공구의 전문화 및 작업의 단순화를 전제로 하였는데 이것이 바로 포드의 3원칙 표준화, 전문화, 단순화이다.

1908년 모델 T의 생산을 시작하였을 때 작업주기는 514분, 즉 8.56시간이었으나 완전한 부품 호환이 가능하게 된 1913년에는 작업주기가 2.3분으로 대폭 줄었다.

1914년 컨베이어를 통한 이동식 조립 라인을 이용하게 됨에 따라 작업주기는 다시 2.3분에서 1.17분으로 줄었다. 그 결과 포드는 1908년 850달러에 판매하던 모델 T의 가격을 1916년에는 360달러로 다시 1925년에는 290달러까지 낮추면서 판매량을 늘려 나갔다.

모델 T는 세부적인 개량은 있었으나 19년간 처음의 기본 설계인 4기통 4사이클, 사이드 밸브 20마력의 가솔린 엔진, 30×3.5인치 타이어와 100인치의 휠 베이스는 바뀌지 않았다.

포드 모델 T 초기형

자동차 인물열전 1

미국 포드의 아성을 꺾다!
GM 2대 회장 알프레드 슬로안 2세(Alfred P. Sloan Jr., 1875~1966)

슬로완은 MIT 전기공학사 출신으로 미국의 제너럴 모터스(GM)에서 45년간을 지냈으며 그 중 33년간을 사장 또는 회장으로서 GM의 발전에 큰 공적을 남긴 사람이다. GM 사는 1908년 듀랜트(William C. Durant)가 몇 개의 회사를 병합하여 설립한 자동차사이다. 1920년경에는 포드자동차가 T형 모델로 시장을 휩쓸고 있었는데 시장 점유율에서 포드는 45~60%, 그리고 GM은 17% 정도에 불과했다. 1920년대 후반 슬로안은 시장을 구매력으로 차별화하고 다양한 고객 수요에 맞는 다양한 차종을 개발하는 풀라인 정책(Full Line Policy)을 택했다. 또한 이러한 차종 다양화 전략을 구사하기 위해 사업부제 조직을 도입하여 뷰익, 올즈모빌, 시보레, 폰티악 등 5개 사업부가 경쟁하는 분권경영을 시도했다.

1920년 대 후반 포드가 GM과의 경쟁에서 패배한 것은 포드가 모델 T를 싼 값으로 공급하기만 하면 된다는 생각에 집착하고 점점 다양해지는 미국 자동차 소비자들의 요구를 외면했기 때문이다. GM이 차종 다양화 전략으로 시장에서 우위를 점하기 시작한 후 지금까지 세계 및 미국 자동차 시장에서 GM의 우위는 계속되고 있다. 세상의 변화에 따라 다양한 욕구를 충족시킬 수 있는 차별화 전략과 이를 실현시킬 수 있는 사업부제 도입과 같은 조직개편이 GM을 오늘날과 같은 세계 최대의 막강한 자동차 회사로 성장시킨 원동력이 되었다. GM과 포드의 경쟁은 환경 변화에 기업이 어떻게 대응해야 하는지를, 또 환경 변화에 잘 대응하지 못하면 어떤 결과가 나타나는지를 보여 주는 좋은 사례이다.

슬로안은 경쟁자였던 헨리 포드를 회상하면서 "헨리 포드가 자동차 산업의 거인이긴 했지만 세상의 변화를 눈치 채지는 못했다(The old master couldn't master the changes)"는 유명한 말을 남겼다. 슬로안은 후에 모교인 MIT에 거액을 희사하였고 MIT는 이를 기념하기 위하여 MIT 경영대학원을 슬로안 경영 스쿨(Sloan Management School)로 부르고 있다. 슬로안은 자서전 『GM과 함께한 나의 한평생(My years with General Motors)』을 1963년 출판하였는데 도요타자동차 창업자인 도요타 기이치로는 이 책을 읽고 자동차 산업 경영 문제, 특히 제품 전략과 마케팅에 큰 도움을 받았다고 회고하고 있다.

차돌이 Q 박사님, 옛날 자동차 사진을 보면 대부분 검은색인데 당시에는 빨강, 파랑 등 다양한 색깔의 예쁜 자동차는 없었나요?

박사 A 요즈음에는 자동차 색상이 매우 다양하지. 소비자는 자동차 색상을 선택하는 것이 고민이고, 생산자인 자동차 회사 입장에서는 자동차 외부 색에 따라 시트, 자동차 인테리어 등 내장재 색을 맞추어야 하기 때문에 생산 과정이 매우 복잡해졌지.

그런데 포드자동차가 1906년 모델 T를 생산할 당시 자동차 색깔은 모두 검은색이었단다. 표준화된 자동차를 대량 생산하는 것이 생산 효율성과 원가 절감을 위해서 필요했기 때문에 자동차 색도 검은색 하나로 단순화하는 것이 가장 좋은 방법이었던 거란다. 하지만 이런 경우 소비자들의 다양한 요구를 수용할 수 없는 문제점이 있었지.

특히 1920년대 후반부터 미국에는 소득 증대에 따라 소비자의 다양한 요구가 나타나게 되고, 그때서야 GM과 다지(Dodge) 사는 검은색 이외 빨간색 등 다양한 색의 자동차를 생산하기 시작했단다. 이때 포드 자동차를 판매하던 대리점 영업 담당자들이 포드의 모델 T도 다양한 색으로 만들어야 할 것이라고 요구하자 포드는 "빨간색 자동차는 더 빨리 달리느냐?"며 불만을 터뜨리기도 했다는구나.

또 모델 T의 차체 색상은 검은색 일색인 것으로 유명한데, 실제로 초기와 후기 모델을 제외한 1915년에서 1929년 사이에 생산된 모델 T는 검은색밖에 없었다. 당시에는 검은색이 가장 빨리 마르는 도장 컬러였기 때문이다.

모델 T는 1927년 단종 되기까지 1,500만 대라는 기록적인 판매 기록을 세웠다. 당시 미국의 마차 대수와 거의 맞먹는 규모가 팔려 '말 없는 마차' 라고 불릴 정도였다. 모델 T와 경쟁하던 마차 가격은 약 400달러 정도였다.

하지만 1921년 50%를 넘었던 모델 T의 세계 시장 점유율은 1927년 새로운 기술과 스타일을 내세운 GM의 신차가 출시되면서 단숨에 10.6%로까지 떨어지고 말았다.

독일 '벤츠' – 독일 자동차의 자존심

자동차에 대해 이야기하면 빼놓을 수 없는 것 중 하나가 메르세데스 벤츠이다. 최고급차 메이커이자 세계 3위의 자동차 메이커로서 110여 년에 이르는 벤츠의 역사는 바로 자동차의 역사이기도 하다. 벤츠는 말 그대로 명차 중의 명차이다. 귀족적인 분위기를 풍기는 외형은 고급스럽고 우아하다.

속도도 대단하다. 비행기가 시속 200km를 돌파한 것이 1913년이었는데, 벤츠는 이미 1911년에 시속 226km를 돌파했다.

안전에서도 탁월한 능력을 보여 준다. 차가 충돌했을 때 운전자가 받는 충격은 범퍼가 받는 충격의 10분의 1밖에 되지 않는다. 남아프리카

헉!
살아있어!
아이고!
내차~
아차!
떨어져버렸네

1954년 발표된 300SL 걸윙

공화국에서는 100m 절벽에서 떨어진 벤츠 230E의 운전자가 걸어서 차 밖으로 나오기도 했다. 그래서 사람들은 자동차 하면 벤츠를 떠올리는지도 모른다.

벤츠의 신화는 두 사람에게서 출발한다. 한 사람은 가솔린 4륜 자동차를 개발한 고틀리에프 다임러이고, 다른 한 사람이 가솔린 3륜 자동차를 개발한 카를 벤츠이다. 벤츠와 다임러의 회사는 독일의 초창기 자동차 산업에 선두가 되어 각각 발전에 발전을 거듭해 나갔다. 서로 멀지 않은 곳에 위치한 다임러와 벤츠, 두 회사의 경쟁은 선박과 항공기에까지 이어지게 된다.

그러나 독일은 1차 세계대전이라는 전쟁의 소용돌이에 휘말리게 된다. 패전으로 이어진 전쟁은 독일 경제에 위기를 가져왔고 자동차 분야도 문을 닫는 회사가 늘어나게 되었다.

두 회사는 살아남기 위해 합병을 추진했고, 1926년 6월 26일 다임러 사와 벤츠 사가 손을 잡게 된다. 회사 이름은 다임러 벤츠, 생산되는 자동차 이름은 메르세데스 벤츠로 결정되었고, 1916년부터 써 오던 다임러의 세 꼭지의 별을 상표로 결정하여 오늘날까지 이어지게 된다.

레이싱에 관심을 가지고 스피드에 역점을 두었던 다임러와 기술과 안전에 주목했던 벤츠의 합병은 고성능과 안전성을 두루 갖춘 차의 탄생을 예고했다. 이후 끊임없는 노력과 정열을 불태우며 실패의 쓴 경험과 많은 좌절 속에서도 '세계 제일이 아니면 만들지 않겠다' 는 신념을 이어오며 세계 제일의 고급차의 대명사로 자리 잡게 된다.

1954년에는 자동차 역사상 불후의 명작으로 꼽히는 300SL 걸윙을 발표했다. 300SL은 벤츠가 만든 자동차 중 가장 뛰어난 역작으로 평가

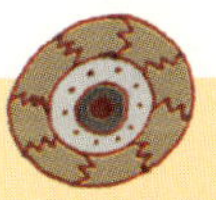

메르세데스 벤츠

벤츠 자동차를 흔히 메르세데스 벤츠라고 부르는데, 메르세데스는 프랑스 니스에서 다임러 자동차를 판매하던 사람의 딸 이름이다. 어느 날 귀족 무도회에 참여한 메르세데스는 그녀를 사랑하는 한 청년이 그녀가 타고 있는 자동차를 너무 아름답다며 그 자동차를 메르세데스라고 불러도 되겠느냐고 했는데, 이를 지켜본 메르세데스의 아버지가 새로운 자동차 이름을 메르세데스라고 붙였다. 이후 다임러 자동차와 벤츠 자동차가 합치면서 자동차 이름이 메르세데스 벤츠로 바뀌었고 그 이름이 아직까지 이어지고 있다.

받는 차로 20세기 자동차 성능의 발전에 원동력이 됐던 슈퍼 카의 원조이다. 1960년대로 들어서며 벤츠의 상징이 된 라디에이터 그릴을 확립했고, 1970년대에는 엔진 배기량에 따라 모델명을 숫자로 붙이기 시작했다.

하지만 벤츠는 1990년대 들어 BMW에 밀리며 운영 실패로 인한 손실을 입게 된다. 체질 개선의 필요성을 느낀 벤츠는 고급차의 이미지만을 고집하지 않는 대중화 전략과 함께 현지 생산을 크게 늘려 나간다.

1993년 소형차 190시리즈의 후속 모델인 C클래스를 선보여 22개월 만에 50만 대를 판매하며 흑자로 돌아섰다. 1998년에는 미국의 크라이슬러와 합병하여 다임러-크라이슬러로 새롭게 출발하였다. 현재 벤

츠는 소형차부터 중대형 트럭, 버스 등을 모두 갖춘 세계 3위의 거대
자동차 기업으로 변신하였다.

독일 폴크스바겐 '비틀' – 한 모델로 2,100만 대 판매

폴크스바겐의 '비틀(Beetle)'은 최다 판매량뿐 아니라 여러 가지 면
에서 명차로 일컬어지고 있다. 비틀은 1938년 포르셰(F. Porsche) 박사
에 의해 제작된 이후 지금까지 90여 년 동안 디자인을 바꾸지 않고 한
모델로 2,100만 대라는 세계 최대 생산량을 기록했다. 지금까지 생산
된 차를 일렬로 세우
면 지구를 두 바퀴
도는 어마어마한 양
이다.

1938년 생산된 비틀

폴크스바겐의 비
틀은 히틀러의 제안
으로 만들어졌다.

1933년 독일의 독재자 히틀러는 당시 최고의 자동차 설계자였던 포
르셰 박사에게 독일 국민이 손쉽게 타고 다닐 수 있는 국민차 개발을
지시한다.

판매가는 1,000마르크(당시 미화로 약 250달러) 이하로 정하고 저렴한
유지 비용을 위해 차량 뒷부분에 공냉식 엔진의 탈착이 가능하도록 설
계하라고 지시하였다. 또한 온가족이 함께 넉넉하게 탈 수 있는 4인승

4도어의 세단형 자동차를 요구한다.

　처음에 포르셰 박사는 최저의 가격으로 최고의 상품성을 갖는 패밀리 세단을 만들라는 히틀러의 제안에 불안감을 떨칠 수 없었다. 그러나 자신이 오랫동안 꿈꾸어 왔던 소형차 개발을 히틀러의 강력한 도움을 업고 1938년 완료하였다. 차 모양은 딱정벌레가 기어가는 조금은 우스꽝스러운 외형에 985cc의 공냉식 엔진을 차의 뒷부분에 얹혀 25마력의 힘을 가졌고 휘발유 1리터당 14km를 가는 매우 경제적인 국민차를 개발한 것이다.

　그러나 1939년 비극의 2차 세계대전으로 폴크스바겐의 비틀은 독일 국민의 사랑을 받기도 전에 군용차로 변경되어 생산하게 된다.

비틀은 1978년 독일에서는 생산을 중단하고 브라질로 생산지를 옮겼으며 1,192cc의 공랭식 엔진에 최고 속도 100km의 비틀 1200 모델로 2003년까지 멕시코에서 생산되었다. 딱정벌레 모양의 독특한 디자인 형태를 그대로 유지하면서 1955년 이후 40여 년간 '비틀' 이라는 이름으로 단일 모델 최고 생산 기록을 세운 것이다.

비틀의 생산이 중단된 이후 끊임없는 소비자들의 요구로 비틀은 뉴 비틀로 다시 태어나 현재 많은 이들의 사랑을 받고 있다.

이와 같이 최장수 최대 판매량에 걸맞게 비틀에는 재미있는 기록이 또 하나 있다. 미국의 1963년형 비틀은 1991년까지 28년여 동안 자그

마치 210만km를 주행해 세계 최장 주행 기록을 세운 것이다. 28년여 동안 자그마치 지구를 52바퀴 돈 셈이니 비틀의 튼튼한 내구력에 감탄하지 않을 수밖에 없다.

영국 '롤스로이스' – 상류 사회의 상징

롤스로이스에는 명예와 자부심, 그리고 전통과 귀족적인 품위가 담겨 있다. 롤스로이스는 돈이 많다고 해서 아무나 가질 수 있는 차가 아니다. 명예와 존경할 만한 인격, 사회적으로 인정받는 지위를 갖춘 사람만이 탈 수 있는 차이다.

롤스로이스만큼 우아하고 부드럽게 달리는 차는 이 세상에 없다. 시속 125km로 달려도 차 안에서는 째깍거리는 시계 소리밖에 들리지 않

롤스로이스의 실버 고스트

을 정도이다. 그리고 아무리 빨리 달려도 롤스로이스 안에서는 커피 잔이 흔들리지 않는다. 그처럼 부드럽고 빠르고 편안하고 조용하게 달린다고 해서 롤스로이스는 '달리는 별장, 황제의 차, 달리는 요트'라는 별명을 갖고 있다.

영국의 헨리 로이스(Frederick Henry Royce)는 가난한 집안 출신의 엔지니어였고, 찰스 롤스(Charles S. Rolls)는 귀족 출신의 레이서 겸 자동차 판매업자였다.

1904년 롤스는 자신이 판매할 만한 차를 찾고 있던 중 로이스가 만든 차를 테스트하게 되고 로이스의 차에 반하여 로이스 자동차의 판매를 전담하기로 하였다.

결국 두 사람은 1906년 롤스로이스 사를 설립하고 훗날 세계 최고의 차로 인정받게 되는 첫 차 '실버 고스트(Silver Ghost)'를 선보인다. 실버 고스트는 생산되자마자 영국 왕실의 전용차로 인정받는다. 이렇듯 1904년에 롤스로이스 사가 세워진 이후로 90년 동안 롤스로이스는 최고의 차로 군림해 왔다.

일찍이 롤스로이스 사를 세운 로이스는 최고의 차를 원했다. 만약 그런 차가 없으면 자신이 직접 만들겠다고 결심했기 때문에 로이스는 무슨 일을 하든지 완벽하게 하려고 노력하였고, 조금이라도 더 훌륭하게 만들기 위해 최선을 다하였다.

로이스의 정신을 이어받아 지금도 롤스로이스는 처음부터 끝까지 일일이 기술자들의 손을 거쳐 만들어진다. 그래서 차 한 대를 완성하는 데 무려 10개월이나 되는 시간이 걸리기도 한다.

1년에 6,000대 정도만이 생산되는 롤스로이스는, 다시 말해 조금 만들되 잘 만들어 최고로 비싸게 파는 자동차인 것이다. 그래서 롤스로이스가 탄생한 지 100년이 되는 지금까지도 세상에 태어난 롤스로이스는 10만여 대에 불과하다고 한다.

주문 생산으로 제작되는 롤스로이스는 그 유명한 파르테논 신전을 본 따 만든 라디에이터 그릴의 가느다란 쇠창살 하나하나까지도 경험 많은 기술자들이 직접 만든다. '차체는 썩어도 가죽은 남는다' 는 신화를 만들어 낸 최고 품질의 코널리 통가죽, 250조각으로 제작된 호두나무 장식과 세계 최고 수준으로 무르익은 장인들의 솜씨와 자존심이 어우러져 차 전체에 품위와 여유가 넘쳐흐른다.

뿐만 아니라 롤스로이스의 엔진은 정기 검사 외에 특별 검사를 받을 필요가 없다. 시장에 나오기 전에 1만분의 1까지 정밀한 검사를 받기 때문이다. 또한 롤스로이스에는 차 한 대마다 역사책이 한 권씩 따른

파르테논 신전의 모양을 본 딴 라디에이터 그릴이 처음부터 현재까지 유지되고 있는 롤스로이스

다. 차를 만들고 검사하는 모든 과정을 한 권의 책 속에 기록하기 때문이다.

지금은 비록 폴크스바겐을 거쳐 BMW에 매각된 독일 국적의 회사

이지만 롤스로이스는 여전히 전 세계 왕실과 선택받은 이들의 가슴을 설레게 하는 명차이다.

프랑스 '부가티' – 스포츠 카의 신화

불과 2년 동안에 자동차 경주대회 1,000승. 지금까지도 없었고 앞으로도 나오기 힘든 신화라고 불러도 좋을 대기록이다. 이 엄청난 일을 해낸 자동차가 바로 '부가티(Bugatti)'이다.

부가티는 명성만큼이나 많은 곡절을 겪은 차이다. 처음 부가티를 만든 사람은 이탈리아 밀라노의 대표적인 예술가 가문에서 태어난 에토레 부가티(Ettore Bugatti, 1881~1947)였다. 우리가 흔히 '자동차의 천재'라고 하면 독일의 포르셰 박사를 떠올리는 것처럼 '자동차 예술가'로

부가티에게 명성을 가져다준 타입 35

는 부가티가 맨 먼저 손꼽힌다.

"만약 사각형 피스톤이 아름답다면 서슴없이 둥근 모양의 피스톤을 버리고 사각형의 피스톤을 사용하겠다"고 할 만큼 부가티는 예술적인 감각을 중시했다. 또한 부가티의 기술적 완성도는 예술적 감각을 뒷받침해 주기에 충분했다.

1924년 말 데뷔한 '부가티 타입(TYPE) 35'는 자동차 경주에서 2년 동안 자그마치 1,000승 이상을 기록하였다. 이로 인해 부가티는 엄청난 명성을 얻게 된다.

그러나 부가티의 진정한 모습을 보여 주는 차는 1930년대 초에 제작된 '타입 41'이다. 이 차는 일명 '로열(Le Royale)'이라고도 불리는데 단 여섯 대만이 만들어졌을 뿐이며, 세계의 자동차 수집가들이 가장 갖고 싶어 하는 차이다.

'세계 최대의 로드 카'로 불리는 로열은 차의 전체 길이만 7m가 되는 엄청난 차로, 최고 출력 300마력의 직렬 8기통 12.7리터 엔진을 달고 최고 속도 160km로 달리는 움직이는 예술품이었다. 판매 가격은 롤스로이스의 최고급 차인 팬텀의 세 배였다.

하지만 부가티 자동차는 제2차 세계대전에 이은 경제공황으로 결정적인 타격을 입어 결국 1960년대 들어 문을 닫고 말았다. 그 후 부가티 자동차는 1989년 이탈리아 사업가인 로마노 아르티올리에 의해 '부가티 아우토모빌리'라는 회사로 다시 문을 열고 부가티 탄생 110주년을 기념해 만든 현대적인 슈퍼 카 EB110을 탄생시키는 등 재건의 발판을

부가티들 이란...
쯧쯧
또 시작이군
나의 놀라운 힘~
완전 길고 긴 나의 다리~
이 클래식한 외모~
희소성에 빛나는 가치~
나의 아름다운 곡선~
최대로 빠른 발~
심플하고 우아한 나~
완벽한 효율의 나~

마련하려 하였다. 하지만 또다시 파산하고 1998년 폴크스바겐에 인수
되었다.

프랑스 시트로앵 '2CV' – 계란 하나도 깨지지 않는 승차감

시트로앵(Sitroën)의 '2CV'는 독일의 비틀, 이탈리아의 피아트 500, 미
국의 포드 모델 T 그리고 영국의 마이너와 함께 자동차를 일반인들도
사용할 수 있게 해 준 중요한 차이다.

2차 세계대전 직후 시트로앵의 피에르 블랑제 사장은 마차와 수레
대신에 프랑스 국민들이 이용할 수 있는 값싸고 실용적인 차를 생산하
기 원했다. 프랑스 인구의 대다수를 차지하고 있는 농민들을 위해서는
네 사람이 타고서 시속 60km의 속도로 움직일 수 있고 50kg의 감자를
싣고도 울퉁불퉁한 시골길을 다니는 데 문제가 없는 좋은 서스펜션을
가진 차를 만들어야 한다고 생각하였다.

특히 '계란을 하나도 깨뜨리지 않고 달릴 수 있는 차'가 필요했다.
1948년 출시된 2CV는 이러한 바람을 바탕으로 만들어진 차였다. 초기
모델은 전륜 구동 방식
으로 배기량 375cc의 2
기통 엔진을 달았으며
단순하고 튼튼한 새시
구조로 되어 있었다.

또한 험한 시골길을
달리기에 적합하도록 독

앞에 있는 손잡이를 돌려서 시동을 거는 방식의
2CV 초기 모델

국민차의 모습을 잘 보여 주고 있는 2CV

립 현가 방식을 채택하였기 때문에 중량 절감과 연비 향상을 위해 2륜차 타이어보다 넓지 않은 타이어를 장착했음에도 좋은 승차감을 느낄 수 있었다.

2CV는 외관도 소박하게 꾸몄다. 개발 당시의 목표가 '바퀴 네 개와 우산 한 개' 일 정도로 불필요한 것은 모두 배제하였다고 한다.

주름진 보디 패널에 뒷범퍼에 접어놓을 수 있는 천으로 된 지붕이 얹혀 있으며 1954년까지는 색상이 회색뿐이었다. 그 뒤 색상이 화려해지고 고객층도 다양해졌다.

이처럼 단순한 디자인의 2CV는 1990년 생산이 중단되기까지 500만 대 정도가 만들어진 시트로앵 최고의 베스트 카가 되었다. 그리고 42년간의 생산 기록은 전 세계적으로 폴크스바겐 비틀에 이어 두 번째에 해당될 정도로 오랫동안 프랑스의 국민차로 사랑받았다.

계란도~
계란도
깨지지 않아YO!

난 감자를 잔뜩 실어 YO!
넷이 타고 밭으로 가 YO!
비포장도 문제없어 YO!

YO!

난 일곱명과 함께 캠프가!
밟아! 밟아! 밟아버려~
아무도 못 따라와 나의 속력!

영국 모리스 '마이너' – 영국 자동차 최초 밀리언 셀러

영국 차로는 처음으로 100만 대가 넘게 팔린 차가 바로 모리스 사에서 출시된 마이너(Morris Minor)이다. 1943년 시험 자동차의 개발이 완료되었을 당시에는 '모스키토(모기)' 라 이름 지어질 예정이었지만 여론의 평가가 좋지 않아 발표 전에 '마이너' 로 변경되었다고 한다.

모리스 사에서 새로운 소형차의 개발을 맡은 사람은 선박 엔지니어 출신인 알렉 이시고니스였다. 그는 운전의 즐거움과 실용성을 높이기 위해 독립식 프런트 서스펜션과 조종성이 우수한 랙 앤드 피니언(rack and pinion) 방식의 스티어링을 장착하였다.

이 덕분에 이 차는 파워가 부족했음에도 핸들링과 승차감이 좋아서 호평을 받았다.

국민차임을 강조하고 있는 모리스 마이너 광고

　　1948년 2차 세계대전 직후 런던에서 열린 영국 최초 모터쇼에서 선보인 모리스 마이너는 사람들이 실제로 필요로 하는 자동차였다. 마이너에 탑재된 엔진은 밸브가 피스톤과 같은 횡방향으로 설치된 사이드 밸브 방식의 918cc 엔진으로, 전쟁 전 모리스 8부터 이어져 온 것이라 구식이었다.

　　모리스가 경쟁 업체인 오스틴(Austin) 사에 합병된 이후에는 1952년부터 1953년에 걸쳐 순차적으로 오스틴A 시리즈의 엔진을 사용하여 OHV(overhead valve; 배기와 흡기 밸브를 실린더의 헤드부에 설치하는 기관) 방식의 803cc 엔진으로 바꾸었다. 이후 948cc에서 최종적으로 1,098cc까지 향상되었다.

　　마이너는 작고 실용성이 있는 자동차였지만 당시 그 장점을 바로 인

1958년 생산된 모리스 마이너

정받지는 못해 모리스의 사장조차 이 자동차는 '떨어진 달걀'이라고 치부했을 정도였다.

그러나 예상과 달리 마이너는 폭발적인 인기를 누려 2도어 살롱과 컨버티블이 나온 이후 4도어 살롱, 밴, 픽업, 스테이션 왜건 등이 계속 출시되었다. 마이너는 1971년 생산이 중단될 때까지 162만 대를 넘게 판매해 최초의 밀리언 셀러로 기록되었다.

마이너 차를 기본으로 개발된 '로버 미니(Rover Mini)'는 마이너의 기록을 훨씬 뛰어 넘어 현재도 생산되고 있지만 마이너는 영국 최초의 밀리언 셀러 자동차 그리고 최초의 국민차로서 사람들의 기억 속에 살아 있다.

미국 포드 '머스탱' – 미국 스포츠 카의 자존심

미국의 경제 일간지 월스트리트 저널(Wall Street Journal)은 몇 년 전 '미국 자동차 100주년 특집판'에서 포드자동차의 1964년형 '머스탱(Mustang)'을 최고의 자동차로 꼽았다. 머스탱은 미국 자동차 역사상 가장 성공적인 데뷔를 하였는데, 처음 나온 1964년에만 무려 41만8,000대가 팔리는 신기록을 달성하였다.

머스탱은 미국 남서부 지방의 야생마를 가리키는 단어로서 포드 사가 자신들의 첫 스포츠 카의 이름으로 쓰기에 안성맞춤이었다. 다루기 힘든 거친 야생마와도 같은 이미지가 바로 포드 머스탱이 원하던 이미지였기 때문이다. 머스탱은 훗날 크라이슬러 자동차의 회장으로 취임한 아이어 코커에 의해 개발되었다.

코커는 1960년대 미국의 자동차 소비 패턴을 정확하게 읽고 새로운 형태의 스포츠 카를 개발하기로 마음먹는다. 2차 세계대전 이후 계속된 미국의 풍요는 자동차에 대한 사람들의 생각을 많이 바꾸어 놓았다. 자동차는 이제 생활의 필수품일 뿐만 아니라 젊은이들의 꿈과 욕망을 풀어 줄 오락거리가 된 것이다. 미국의 젊은이들은 속도를 즐겼고 그것을 충족시켜 줄 새로운 자동차를 원하고 있었다. 그리고 코커는 그 흐

하얀색의 차체와 붉은색 내장의 대비가 파격적인 1964년형 머스탱

름을 정확하게 읽고 머스탱을 개발한 것이다.

머스탱은 성능과 디자인에서 소비자들로부터 완전히 새로운 차라는 점을 인정받았다. 포드가 그 유명한 '모델 T'를 통해 자동차 대중화의 첫걸음을 내디뎠다면 머스탱은 스포츠 카의 대중화를 이끈 차이다.

또한 머스탱은 포드의 꿈이기도 했다. 포드는 젊은 시절 디트로이트 자동차 경주대회에서 우승까지 했을 정도로 레이싱을 즐긴 사람이었다.

1964년 데뷔한 이래 1998년 뉴 에이지 디자인으로 무장하기까지 머스탱은 모두 다섯 번 모델을 변경하였다. 그렇지만 서부 개척 시대 프런티어 정신을 이어받은 머스탱은 미국 스포츠 카 특유의 거친 분위기를 대변하며 여전히 미국인, 아니 전 세계 자동차 마니아의 사랑을 받고 있다.

이탈리아 피아트 '500 토폴리노' – 유럽의 대표 소형차

피아트 사의 500은 이탈리아의 국민차로서 이탈리아에 본격적인 소형차 시대를 연 자동차로 기억되고 있다.

피아트 500은 이탈리아 국민에게 저렴하고 쉽게 탈 수 있는 승용차를 만들어 주고 싶은 창업자 아넬리의 지시에 의해 1936년 개발되었다.

판매 당시 이 차는 외형에서 쉽게 알 수 있듯이 생쥐같이 생긴 모습 때문에 당시 인기를 끌던 월트 디즈니의 만화 영화 주인공인 미키마우스의 이탈리아 이름인 '토폴리노(TOPOLINO)' 라는 애칭을 얻었다.

당시 가장 작은 차체로 유명했던 피아트 500

제작 당시 세계에서 가장 작은 차체였던 3.2m의 몸집에 배기량 569cc, 13마력의 엔진으로 최고 시속 86km를 낼 수 있었던 토폴리노는 미키마우스같이 힘이 세지는 못하였지만 리터당 18km를 가는 아주 경제적인 승용차였다.

개발 초기에는 영국의 미니와 같이 엔진을 앞에 두면서 앞바퀴를 굴리는 앞바퀴 굴림형으로 개발하려고 했다. 그러면 실내 공간이 넓은 실용적인 차를 만들 수 있기 때문이다. 그러나 안타깝게도 앞바퀴를 돌리는 드라이브 샤프트의 생산성에 문제가 있어 결국 전통적인 앞쪽 엔진 뒷바퀴 굴림 방식(FR: Front Wheel and Rear Wheel Drive) 타입으로 개발되었다. 그렇지만 당시 고급 세단에만 전념하던 이탈리아 자동차 산업의 분위기에서 벗어나, 최신 기술이 많이 적용된 소형 대중차의 개발을 통하여 이탈리아 자동차 역사에 한 분기점을 이루게 되었다.

피아트 500의 서스펜션은 독립 현가 방식을 채택하여 뛰어난 핸들링 성능을 갖게 하였고 유압식 브레이크를 적용하여 우수한 브레이크 성능을 보여 주었다. 그리고 현대 자동차에서 쓰이는 12볼트 배터리 시스템을 최초로 사용하였다.

또한 당대 최고의 공기역학적 디자이너인 단테 지아코사가 직접 디자인한 만큼 뛰어난 공기저감 스타일이 적용되었다. 공기의 흐름을 원

활하게 해 주는 유선형의 보디와 함께 둥그렇게 처리한 앞부분은 엔진을 효과적으로 식혀 주는 역할을 하도록 하였던 것이다.

이와 같이 토폴리노는 뛰어난 공기역학 스타일뿐 아니라 내구력에서도 인정을 받아 1948년까지 12만 대 이상이 팔렸고 각종 랠리에서도 내구력의 우수성을 유감없이 발휘하였다. 그 후 1957년부터는 새롭게 탄생된 피아트 500으로 400만 대 이상이 팔려 이탈리아의 명실상부한 국민차로 자리 매김하고 있다.

일본 도요타 '카롤라' – 단일 차종 세계 최고 생산 기록

일본은 2차 세계대전에서 패한 이후 복구 사업에 온 힘을 쏟아 붓는다. 1964년 도쿄 올림픽의 개최가 일본의 세계 무대 복귀의 신호탄이었다면, 1966년은 공업 분야에서 일본의 세계 무대 복귀를 알리는 해였다.

1968년 생산된 1세대 카롤라

1966년 일본 도요타자동차는 '카롤라(Corolla)'를 개발하고 본격적인 세계 자동차 시장을 공략하기 시작하였다. 카롤라는 일본의 대중차 시대를 열었고 미국, 유럽 등에 일본 차의 가능성을 확인할 수 있는 계기를 만들었다.

도요타는 미국 시장에 관심을 갖고 1958년부터 미국 시장에 진출했으나 낮은 자동차의 성능 때문에 참담한 실패를 계속 맛보았다. 하지만 1968년 개발된 카롤라는 미국 소형차 시장에서 인기를 모았는데, 여기에 더해서 1973년 전 세계를 덮친 오일쇼크는 큰 차를 선호하던 미국에서도 작고 경제적인 차를 찾게 만들었고 따라서 카롤라의 명성은 더욱 높아졌다.

도요타는 1975년 미국 시장에서 27만8,000대의 차를 팔아 폴크스바겐을 앞지르고 미국 내 수입차 판매 1위에 올랐는데, 그 중 절반이 카롤라였다.

도요타의 첫 1리터 자동차였던 1세대 카롤라는 1970년 5월 2세대 모델에 자리를 물려줄 때까지 만 3년 동안 모두 75만9,822대가 팔리는 대성공을 거두었으며, 이후부터 지금까지도 열 번의 세대 변경을 통해 꾸준한 성장을 이루고 있다.

일본의 요미우리신문(讀賣新聞 · 2005년 8월 3일자)은 카롤라의 생산 대수가 2005년 5월 말 현재 3,000만 대를 넘었다고 보도하였다. 이는 자동차 최초의 밀리언 셀러인 포드의 모델 T와 대중차의 전설 폴크스 바겐 비틀이 모델 변경 없이 단일 모델로 각각 1,574만 대와 2,000만 대의 판매를 넘긴 것과는 차이가 있지만, 어쨌든 하나의 차 이름으로 3,000만 대의 판매를 돌파한 것은 도요타의 카롤라가 처음이다.

도요타 기이치로(豊田喜一郎, 1894~1952)

기이치로는 처음에는 섬유 기계를 만들던 회사였던 도요타의 창업자인 도요타 사키치(豊田佐吉)의 장남으로 1894년에 시즈오카현 고사이시에서 태어났다. 1920년에 도쿄대학 기계공학과를 졸업한 후 부친의 회사였던 도요타방직에 들어간다. 1921년에 그의 매부인 도요타 리사부로 부부와 함께 미국과 유럽 지역의 산업을 둘러보며, 그곳에서 앞으로는 자동차 시대가 올 것임을 예측하였다. 1933년에 도요타방직 내에 자동차부를 설치하여 본격적인 자동차 연구에 돌입하여, 마침내 1935년에 GI형 트럭 발표회를 열게 되었다. 도요타 기이치로는 1940년부터 1950년까지 도요타자동차의 사장을 역임하였다.

1935년경 미국의 생산성은 일본의 아홉 배나 되었다. 도요타 기이치로는 서양 선진국의 자동차 산업과 경쟁하기 위해서는 생산성이 높고 가격이 낮은 일본만의 독자적인 방법을 개발할 필요가 있다고 판단하였다. 1935년에 착공한 고로모 공장 건설 때는 이미 '저스트 인 타임(제시간에)'이라는 말을 사용하고 있었다. 또한 도요타 기이치로는 저스트 인 타임(Just In Time)의 개념을 정리한 두께 10cm 정도의 공정별 매뉴얼을 손수 작성하여, 관련 부서의 관계자에게 나누어 주었다. 더구나 종업원을 모아서 정열적으로 강의를 하는 열의도 보였다.

도요타 기이치로는 제품의 품질을 결정하는 것은 설계, 개발, 제조, 조사, 물류, 서비스 등 모든 과정에 대한 업무 처리 방법이고, 모든 과정의 업무 처리 방법을 개선하지 않으면 제품의 품질을 높일 수 없다고 생각했다. 그래서 감사라는 방법으로 업무 처리 방법을 객관적으로 평가해서 일을 개선하도록 한 것이다.

도요타 기이치로는 말을 잘하는 사람이 아니었기 때문에 사람들의 마음을 사로잡을 만한 어록은 별로 없다. 그 대신 문서를 많이 남겼기 때문에 그것들을 분석해 보면 도요타 기이치로의 사상을 정확하게 이해할 수 있다. 창업자이면서 경영 책임자였던 도요타 기이치로가 자신의 손으로 직접 기록한 문서들은 그 대부분이 '규정', '소양', '매뉴얼'과 같은 업무 수행상의 순서(업무표준)와 같은 것들로서 도요타의 자료 관리에 기틀을 마련하였다. 도요타 기이치로는 '스스로 업무표준을 작성하는 경영자'로서 오늘날 혁신DNA라고 불리는 도요타 지식경영의 기틀을 마련한 것으로 평가받고 있다.

차돌이 Q 박사님, 일본은 미국보다 자동차 생산이 늦게 시작됐는데, 어떻게 도요타자동차는 자동차 세계 최강국인 미국을 따라잡을 수 있었나요?

박사 A 미국 GM이 1908년에 설립된 것에 비하면 도요타는 이보다 30년이 지난 1937년에 기존의 방직 공장에서 출발하여 자동차 산업에 뛰어들었단다. 따라서 도요타가 설립될 당시에 미국 포드 사와 GM은 이미 100만 대 이상의 자동차를 생산하고 있었으므로 도요타는 미국의 자동차 회사들과는 다른 방법으로 경쟁해야 했지. 미국식 대량 생산 방식과는 다른 도요타 특유의 경영 방식을 창안해야 했고, 이것이 바로 도요타의 생산 방식인 '린(lean)' 방식이란다. 다른 말로 'Just-In-Time(JIT; 적시생산)'이라고도 하는데 자동차 재고를 많이 쌓아 두고 생산하는 기존의 대량 생산 방법 대신에 필요한 때에 필요한 부품이 공급되는 시스템을 갖춰 재고 비용을 줄이고 종업원의 적극적인 참여를 유도하여 생산 품질을 높이는 혁신적인 생산 방식으로 평가받고 있단다.

도요타자동차는 2006년 전 세계 공장에서 900만 대의 자동차를 생산하여 80년 동안이나 세계 1위 자동차 생산 업체의 자리를 지켜 온 GM을 추월할 것으로 예상되고 있단다.

시발 자동차 – 한국 최초의 자동차

우리나라에 처음으로 자동차가 들어온 때는 1903년으로 기록되어 있는데, 대한제국의 고종 황제가 즉위 40주년을 맞아 미국 공관을 통해 포드 승용차 한 대를 의전용 어차로 들여온 것이다.

그렇다면 우리나라에서 최초로 자동차가 제작된 것은 언제일까? 우리나라 최초의 국산 자동차는 1955년 제작된 '시발' 자동차이다. 미군이 사용하다 무료로 민간인에게 넘긴 지프에서 나

우리나라에서 제작된 최초의 자동차 시발택시

온 엔진과 차축 등을 사용하였고 드럼통을 펴서 몸체를 만든 지프형 승용차로서 2도어 4기통 1,323cc 엔진을 달았다.

우리나라에서 처음으로 제작된 자동차라서 차의 이름을 시발(始發)이라고 붙였다. 1950년대 당시의 자장면 한 그릇의 값이 50환이었는

데 시발 자동차 한 대는 8만환으로 매우 비쌌으며 또한 차를 한 대 만
드는 데 무려 4개월이나 걸렸기 때문에 찾는 사람이 많지 않았다.

시발 자동차는 부품의 국산화율이 무려 50%나 되었고, 대중교통이
발달하지 못했던 당시에 영업용 택시로서 큰 역할을 했다. 시발 자동차
는 1962년까지 3,000여 대가 생산되었다.

기아자동차 – 마스타 T-600

1944년 경성정공이라는 이름으로 시작한 기아자동차는 처음에는 삼
천리호라는 자전거를 만들던 회사였다. 기아자동차는 1969년 일본 마
쓰다자동차와 제휴하여 세 바퀴 소형 화물차인 'T-600'을 생산하기
시작하며 우리나라의 소형 화물차 시대를 열었다. 이것은 훗날 기아자
동차 봉고 신화의 밑바탕이 된다.

우리에게는 꼬마 3륜차라는 이름으로 더 잘 알려져 있는 T-600은 600cc의 엔진을 사용하며 최고 속도는 시속 70km에 최대 500kg의 짐을 실을 수 있었다.

꼬마 3륜차 T-600

엔진을 식히는 냉각 방식이 외부 바람을 이용한 공랭식이었기 때문에 더운 여름에는 먼 거리를 움직이기 힘들었고, 겨울에는 히터가 없었기 때문에 꽁꽁 언 몸으로 운전을 해야만 했다.

또한 앞바퀴가 하나이기 때문에 주행 중 균형을 잃고 넘어지기도 했다고 한다. 하지만 좁은 골목길을 오가며 연탄이나 쌀과 같은 생필품을 나르던 T-600은 서민들에게는 더할 나위 없는 훌륭한 짐꾼이었다.

현대자동차 '포니' – 최초의 국산 고유 모델

지금 세대들은 '포니' 라는 이름이 생소하겠지만, 현대자동차에서 만든 포니는 국산 자동차 고유 모델 개발의 시작을 알린 매우 중요한 차종이다.

1967년 설립된 현

국내 첫 고유 모델 포니

대자동차는 미국 포드 사와의 기술제휴를 통하여 자동차를 조립 생산하기 시작하였다.

1970년대에 들어서 현대는 이미 나와 있는 모델의 조립 생산이 아닌 고유 모델을 개발하기로 하고 포드 사와 협력을 추진하였다.

하지만 포드 사와의 협력은 성사되지 못했고, 현대는 독자적으로 고유 모델을 개발하기로 결정한다. 당시 자체적인 자동차 디자인 기술을 갖고 있지 못했던 현대는 이탈리아 디자이너 주지아로에게 디자인을 맡겨 한국형 승용차 포니의 개발에 성공하였다. 그리고 1974년 10월 제55회 토리노 모터쇼에서 성공적으로 데뷔함으로써 국산 고유 모델 시대를 열었다.

포니는 한국인의 체형과 도로 사정에 딱 맞았고 또 상대적으로 저렴한 가격과 튼튼한 내구성으로 국민들로부터 인기를 끌었다. 우리나라의 본격적인 자동차 시대는 포니에서 시작되었다고 해도 과언이 아니다.

1975년 12월 생산에 들어가 1976년 2월 울산 공장에서 첫 출고되었으며, 판매 첫해에만 1만7,260대가 팔려 나가 국내 승용차 시장 점유율 43.6%를 차지하였다. 같은 해 7월에는 국산 승용차로선 처음으로 에콰도르에 다섯 대가 수출되기도 했다.

이렇게 시작된 포니 시리즈는 1984년 단일 차종으로서는 처음으로 50만 대 생산을 돌파하였으며, 1975년 12월부터 1985년 12월까지 29만3,936대(내수 22만6,549대, 수출 6만7,387대)가 생산되었다.

현대자동차 '엑셀' – 미국 소형차 시장 1위, 밀리언 셀러 카

2001년 아카데미 시상식 자리에는 현대자동차의 '엑셀'이 있었다. 줄리아 로버츠에게 생애 처음 아카데미 여우주연상을 안겨 준 영화 '에린 브로코비치(Erin Brockovich)'에서 로버츠가 영화 내내 끌고 다니며 신나게 사건을 해결하던 차가 바로 엑셀이다. 정확히는 엑셀 3총사인 포니 엑셀, 프레스토, 엑셀 스포티 중 프레스토였다.

1985년 2월 태어난 엑셀은 여러 면에서 한국 자동차 역사에 새로운 이정표를 세운 명차이다.

포니, 스텔라에 이어 현대자동차의 세 번째 고유 모델인 엑셀은 1979년부터 개발을 시작해 5년 동안 당시로서는 천문학적인 액수인 4,000억 원의 개발비가 투입되었다. 1,300cc, 77마력과 1,500cc, 87마력 등 두 개의 엔진을 얹힌 엑셀은 지금 보아도 뛰어난 균형미와 세련미를 갖춘 차이다.

엑셀 시리즈 중 1985년 2월 가장 먼저 나온 포니 엑셀은 5도어의 해

엑셀의 미국시장 광고

치백 스타일이었다. 이는 한국에서 처음으로 전륜 구동 방식(엔진이 앞에 있고 앞바퀴를 굴리는 자동차를 전륜 구동 자동차라고 한다)을 채택한 차이다.

전륜 구동 방식은 당시 보편적이던 후륜 구동 방식에 비해 전체 차체 길이에서 엔진룸의 길이가 크게 줄어들어 공간 활용이 좋았으며, 연비도 크게 향상시켜 한국에 새로운 자동차 문화를 선보였다.

처음부터 수출을 목적으로 개발된 엑셀은 해외에서도 자동차 한국의 명성을 크게 떨쳤다. 1986년 미국에 처음 수출된 엑셀은 첫해에 20만3,000대를 팔아 당시 소형 수입차 시장에서 강세를 보이던 일본 제조업체들을 누르고 시장 점유율 1위를 차지하는 기염을 토했다.

현대자동차 '쏘나타' – 국산 중형 승용차의 자부심

현대자동차는 엑셀과 같은 신차 개발 경험을 토대로 1988년 6월 중형 승용차 고유 모델인 '쏘나타'를 개발하였다.

쏘나타 개발에서 가장 특징적인 점은 기존 국산차들과는 달리 디자인과 설계 등을 전부 우리 기술진에 의해 완성시켰다는 것이다. 쏘나타는 당시 세계 자동차 디자인의 흐름을 따라 공기역학을 중시한 에어로다이내믹한 타입과, 현대로서는 첫 시도였던 차 앞쪽이 내려오는 모양의 노즈 다운(nose-down) 스타일을 적용하

쏘나타

였다. 인테리어 쪽은 인간공학적 측면을 최대한 반영했으며, 엑셀과 스텔라의 수출 경험을 살려 색상 조화도 적절하게 맞추었다.

쏘나타는 설계 과정에서부터 이전과는 다른 모습으로 진행되었다. 이전 엑셀에서부터 컴퓨터 설계가 사용되기는 하였지만 일부분에서만 이었고, 차체 구조 설계에까지 컴퓨터를 이용한 것은 쏘나타가 처음이었다.

한편 미국 시장으로 수출을 하기 위한 현지 시험은 열 대의 쏘나타와 함께 당시 미국에서 잘 팔리던 일본의 '캄리', '어코드' 등과 같은 경

쟁차와 비교하는 방식으로 진행되었다.

쏘나타는 1988년 6월부터 본격적인 생산을 시작하였고, 미국 시장 수출은 1988년 11월부터 시작되었다. 또한 이 차는 1989년 7월부터는 현대 캐나다 브르몽 현지 공장에서도 생산하게 된다.

이후 쏘나타 모델은 1993년 쏘나타 Ⅱ, 1996년 쏘나타 Ⅲ, 1998년 EF 쏘나타, 그리고 2001년 뉴 EF 쏘나타, 2004년 NF 쏘나타로 이어

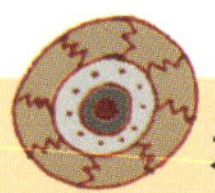

자동차 인물열전 3

현대자동차의 정주영 회장(1915~2001)과 혼다자동차의 혼다 쇼이치로(本田宗一郎, 1906~1991)

보통사람이 보통으로 하는 일은 보통 일밖에 되지 않는다. 무엇인가 특별한 일은 다른 사람들과 다른 좀 별난 사람들이 하게 마련이다. 일본의 혼다자동차를 창설한 혼다 쇼이치로가 바로 별난 사람이었다. 혼다의 전기나 대담을 기록한 것을 보면 몇 가지 점에서 고(故) 정주영 현대그룹 명예회장과 닮은 점이 보인다. 우선 두 사람은 성격 면에서 비슷하고, 남들이 안 될 것이라고 하는 일도 서슴없이 도전하는 사업 방식이 비슷하다. 또 하나 같은 것은 두 사람 모두 자동차와의 인연을 가진 것이 '아트', 일본식으로 발음하면 '아아토'라는 이름의 자동차 정비업소를 시작으로 자동차 회사를 만들었다는 점이다.

정주영 회장은 처음 시작했던 쌀장사를 그만두고 손을 댄 것이 '아트 서비스'란 자동차 수리 공장이었고, 혼다가 소학교를 나와 처음 취직한 곳이 도쿄의 '아트 상회'란 자동차 수리 공장이었다. 혼다는 거기서 공로를 인정받아, 지방에 내려가 같은 상회의 지점 형식으로 자신의 기업을 시작했다. 천재라는 소리를 들을 만큼 손재주가 좋았던 혼다는 자동차 수리로 큰돈을 벌었으나, 2차 세계대전의 패전 후에 사업을 접을 수밖에 없었다. 그러던 중 일본군에서 폐기하는 소형 엔진을 자전거에 달아 주는 일을 심심풀이로 하다가 오토바이 제조에 본격적으로 뛰어들었고, 여기서의 성공은 다시 자동차 회사를 일으키는 밑받침이 되었다.

지면서 품질을 계속 향상시켜 내수 시장에서 베스트셀러 카를 지키면서 우리나라 중형차 수출을 주도하고 있다.

현대자동차 '싼타페' – 좀 더 고급화된 신형 싼타페

1990년대 후반 이후 미국 시장에서는 다목적 자동차의 수요가 급증하게 된다. 다목적 승용차는 레져, 스포츠 목적으로 사용되는 문자 그대로 다목적 차량이며 기술적으로는 승용차의 안락함과 함께 전통적으로 미국의 소비자들이 즐겨 찾았던 트럭의 강력한 힘과 모양새를 요구한다. 현대자동차는 이러한 미국 시장 다목적 자동차 수요에 대응하기 위해

좀 더 고급화 된 신형 싼타페

새로운 개념의 자동차를 개발하게 된다.

2000년 개발된 현대의 싼타페는 미국 현지에서 미국 소비자들을 대상으로 디자인 및 개발된 다목적 자동차이다.

근육질 모양의 자동차로서 처음 시장에 선보였을 때 우리 소비자들에게는 외형이 생소해 보이기도 했다.

싼타페는 현대의 캘리포니아 디자인 연구소와 국내 신제품 개발팀이 협력하여 미국 시장 소비자 수요에 맞게 개발한 최초의 제품이다.

싼타페가 미국에 진출하면서 우리나라 자동차 수출 차종을 고급화, 다양화시켰으며 EF 쏘나타, XG300과 함께 '값싼 자동차' 라는 기존의

한국 차에 대한 이미지를 크게 개선하는 데 큰 몫을 하고 있다. 실제로 싼타페는 미국의 파워 데이터 앤드 어소시에이트(Power Data and Associate) 사가 실시하는 2003년 상품성 평가(APEAL)에서도 2위를 차지하는 등 매우 좋은 반응을 얻고 있다.

GM대우, 르노삼성 – 위기를 기회로 만든 한국형 다국적 자동차

1997년 발생한 외환위기는 그동안 높은 성장을 지속적으로 이룩해 오던 한국의 자동차 회사들에는 커다란 시련이었다. 특히 무리하게 사업을 확장하던 기아자동차와 대우자동차, 그리고 외환위기가 발생할 즈음하여 처음으로 자동차를 시판하기 시작한 삼성자동차는 회사가 문을 닫을 정도의 큰 어려움에 처하게 된다.

기아자동차는 국내 기업인 현대자동차에 인수되어 그 명맥을 유지했다. 그러나 대우자동차와 삼성자동차는 각각 미국의 GM과 프랑스의 르노자동차에 인수되었고, 그 후 GM대우와 르노삼성으로 거듭나게 된다. 대우자동차와 삼성자동차가 다국적 기업에 인수되자 많은 사람들은 이 두 회사가 결국은 다국적 기업의 단순한 조립 생산 공장 역할만을 하게 될 것이라며 걱정하였다.

하지만 사람들의 그런 걱정과는 달리 현재 GM대우와 르노삼성은 다국적 자동차 기업의 당당한 일원으로서 독자적인 기술 개발을 통해 세계 자동차 시장의 주역으로 나서고 있다. 또한 한국의 자동차 산업 발전에도 긍정적인 영향을 끼치고 있다.

GM대우의 소형차 칼로스는 2005년 미국 소형차 시장에서 판매 1

위를 기록하였다. 칼로스는 1999년 대우자동차 시절 개발에 착수해 총 투자비 2,200억 원을 투입하며 30개월의 개발기간을 거쳐 수출 전략형 자동차로 탄생하게 되었다. 칼로스는 당시 세계 자동차 시장의 흐름을 따라서 승용차와 레저용 차(RV)의 기능을 하나로 엮은 다기능의 고급 소형차로 개발되었다.

칼로스라는 이름은 그리스어로 '아름답다'라는 뜻을 가지고 있다. 칼로스는 세계적 디자인 회사인 이탈 디자인(Ital Design)에서 디자인을 했다. 또한 완벽한 성능과 품질을 위해 영국, 스웨덴, 스페인, 미국 등지에 있는 자동차 전문 테스트 기관에서 총 주행거리 155만km에 달하는 내구성 주행 시험, 기후 적합 시험 그리고 품질 확인 시험 등 엄격한 테스트를 거쳐 개발되었다.

하지만 트렁크 공간이 밖으로 돌출되지 않는 해치백 형태의 자동차를 선호하지 않는 국내 소비자들에게 유럽형 해치백 스타일의 칼로스는 큰 인기를 끌지 못한다.

그러나 칼로스는 GM이 대우자동차를 인수할 당시 가장 눈여겨보고 계속적인 독자 생산을 결정할 정도로 성능과 스타일이 뛰어난 자동차로 2003년 미국 시장에 시보레 아베오(Chevrolet Aveo)라는 이름으로 첫 수출이 시작된 이후 미국 자동차 시장에서 단순히 싼 가격만이 아닌 품질의 우수성으로 미국 소비자들의 큰 사랑을 받고 있다.

GM대우가 세계 자동차 시장을 개척하며 우리 자동차 산업의 한 축을 담당하고 있다면, 르노삼성의 대표적인 자동차인 SM시리즈는 한국

SM시리즈 최고급 모델인 SM7

자동차 소비자들에게 자동차 품질에 대한 새로운 기준을 제시한 자동차이다.

지금은 국산 자동차의 품질에 대한 한국 소비자들의 만족도가 외국산 자동차와 비교해서도 크게 떨어지지 않지만, 이것이 가능하게 된 데에는 1998년 삼성자동차에서 처음 시판한 SM5시리즈의 영향이 크다고 할 수 있다.

비록 처음 SM5시리즈가 시장에 등장했을 때는 일본 닛산자동차의 모델을 그대로 조립했다는 일부 소비자들의 비판도 있었지만, 삼성자동차의 SM5시리즈는 처음 판매 당시부터 꼼꼼한 품질관리를 통하여 한국 소비자들의 국산 자동차 품질에 대한 만족도를 크게 높였다. 그리고 이것은 곧 다른 국내 자동차 회사들을 자극하여 국산 자동차 품질이 전반적으로 함께 높아질 수 있게 하였다.

르노삼성으로 회사가 바뀐 이후로도 SM시리즈는 대형 자동차와 준중형 자동차를 아우르며 국내 자동차 품질의 고급화를 이끌어 나가고 있다.

특히 2004년에 발표된 SM시리즈의 최고급 모델인 SM7은 그동안 차량의 크기를 강조하고 그 크기를 기준으로 차량을 선택하였던 국내 대형차 시장의 양적인 경쟁을 성능과 감성을 중심으로 하는 질적인 경쟁으로 바꿔 놓게 된다.

자동차는 어떻게
움직이나

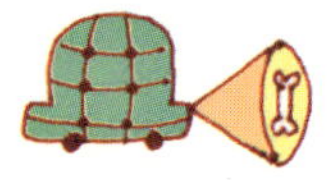

03

자동차 속 들여다보기

약 2만5,000개 부품의 종합 선물 세트인 자동차 안은 어떻게 생겼을까? 자동차는 크게 섀시(chassis)와 차체(body) 두 부분으로 나눌 수 있다.

차체는 사람이 타거나 화물을 적재하는 부분으로 자동차 시트, 유리, 각종 거울, 오디오 등 자동차의 외관에 해당한다. 차체는 자동차의 주행과는 직접적인 관계가 없다.

섀시는 차체를 제외한 자동차의 나머지 부분들을 통틀어 말

윗부분은 차체,
아래가 차의 주행을 담당하는 섀시

하는데, 자동차의 주행과 관련된 것은 모두 섀시에 속한다고 할 수 있다. 따라서 자동차는 섀시만 있어도 움직일 수 있다.

섀시는 다시 다음과 같이 크게 여섯 부분으로 나뉜다.
1. **엔진** 자동차가 움직이는 데 필요한 동력이 나온다.
2. **동력 전달 장치** 엔진의 힘을 바퀴에 전달하는 일을 한다.
3. **조향 장치** 자동차의 방향을 바꾸는 일을 한다.
4. **제동 장치** 자동차의 속도를 줄이거나 정지시키는 일을 한다.
5. **현가 장치** 자동차가 움직이면서 받는 진동, 충격이 엔진이나 차체에 직접 전달되는 것을 완화시키는 일을 한다.
6. **주행 장치** 휠(wheel)과 타이어(tire)를 일컫는다.
이밖에 전기 장치, 공조 장치, 안전 장치, 내외장품 등 운전자의 편의를 위한 장치들이 있다.

자동차를 움직이는 심장 – 엔진

엔진은 자동차의 심장이다. 현재 우리가 사용하고 있는 자동차들은 대부분 내연기관을 자동차의 동력원으로 사용하고 있다.

내연기관이란 연료를 연소시켜 나오는 열에너지가 직접 피스톤 또는 다른 장치를 움직여 일에너지, 즉 운동 에너지로 바꾸는 기관을 말한다. 내연기관은 사용하는 연료 종류에 따라 가스 엔진·가솔린 엔진·석유 엔진·디젤 엔진 등으로 분류된다. 석유·가스·가솔린 엔진은 점화플러그(점화전)에서 발생하는 전기불꽃으로 연료가 점화되고, 디젤 엔진은

이것이
엔진이지
동력전달장치,
바퀴를 움직일 힘을 날라주지
조향장치,
오른쪽, 왼쪽~
방향전환
제동장치!
즉, 브레이크죠
이것이 현가장치야!
타이어가
상하로 움직일 때
충격을 완화해주지.
휠
타이어
주행장치

연료를 고온·고압의 공기 속에 분사하여 자연 발화시킨다.

　또한 내연기관은 피스톤의 행정·동작에 따라 4행정·2행정 사이클 방식으로 나눌 수가 있다. 다음은 4행정 가솔린 엔진의 작동 원리를 보여 주는 그림이다.

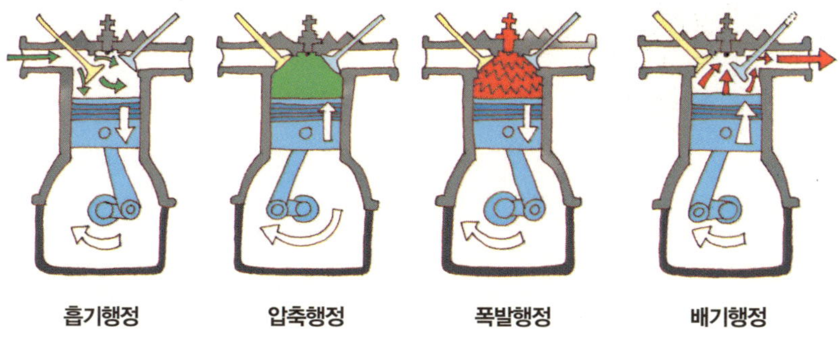

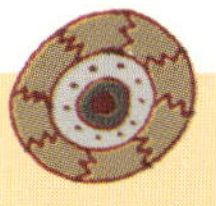

행정(行程, stroke)이란?

실린더 속에서 피스톤이 움직이는 횟수를 말한다. 4행정 엔진의 작동 원리는 피스톤이 내려가면 연료와 공기가 섞여서 원통 모양의 실린더 안에 들어오고 다음에 피스톤이 올라가면 연료와 공기를 누르게 되면서, 전기가 불꽃을 일으켜 연료와 공기가 섞여 폭발하게 된다. 이때 폭발하는 힘으로 피스톤이 힘차게 움직이고 다시 피스톤이 위로 올라가면 배기가스가 빠져나간다.

흡기-압축-폭발-배기까지 완료되는 데 피스톤이 네 번 움직이므로 4행정 엔진이라고 하는 것이다. 2행정 엔진은 연료와 공기를 섞는 것부터 폭발 후 배기가스 배출까지 피스톤이 두 번 움직이게 된다. 2행정 엔진은 4행정 엔진에 비해 가볍고 값이 저렴한 반면 연료가 많이 들고 배기가스를 많이 배출하는 단점이 있다.

엔진의 힘을 바퀴로 – 동력 전달 장치

전륜 구동형 자동차의 동력 전달 장치

자동차의 엔진으로부터 나온 힘, 즉 구동력을 바퀴까지 전달하는 기능을 하는 동력 전달 장치(power- train)는 차가 저속에서부터 고속까지 항상 부드럽고 효율성 있게 주행하도록 하는 기능을 한다.

동력 전달 장치는 엔진의 힘을 끊거나 이어 주는 클러치, 차의 속도에 맞게 엔진 동력을 선택하는 변속기 그리고 변속기와 종감속기어 사이에 설치되어 변속기의 출력을 종감속기어에 전달하는 추진축, 추진축을 통해 전달된 엔진의 회전력을 최종적으로 증가시킴과 동시에 바퀴가 회전 시 좌우 바퀴에 알맞은 속도로 동력을 전달하는 종감속기어와 차동 장치로 주요 부분이 구성되어 있다.

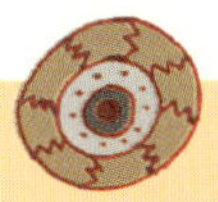

속도의 마법사 변속기

변속기는 자동차의 속도를 증가 또는 감소시키고 자동차를 후진시키는 역할도 한다. 변속기는 자동과 수동 방식 두 가지가 있으며, 자동 변속기(Automatic Transmission)는 기어단을 자동으로 선택해 주는 변속기이고, 수동 변속기(Manual Transmission)는 기어단을 운전자가 직접 선택하여 변속을 시도는 방식이다. 요즘 운전자들은 편리함 때문에 대부분 자동 변속기를 선호하는데, 그 원리는 두 대의 선풍기를 마주하게 놓고 한쪽 선풍기만 회전시켜도 공기의 흐름에 따라 다른 선풍기가 같이 회전하는 유체 클러치(fluid clutch) 원리를 이용한 것이다.

차돌이 Q 박사님, 요즘 운전자들이 편리함 때문에 자동 변속기를 좋아한다고 했는데 자동 변속기 차량이 어떤 점에서 편리한지 자세히 알려 주세요.

박사 A 자동 변속기 차량은 복잡한 변속 작동을 따로 할 필요가 없고 갑자기 브레이크를 밟아도 시동이 꺼지지 않는단다. 또 언덕길에서 출발할 때에도 밀리지 않아 운전하기가 매우 쉽지. 엔진의 힘을 유체를 매개로 바퀴에 전달하기 때문에 가속과 감속이 원활하단다. 따라서 승차감도 좋지. 바퀴의 진동이 엔진 장치에 무리하게 걸리지 않아서 각 부품의 수명도 길단다.

하지만 자동 변속기 차량은 단점도 있어. 우선 값이 비싸고 구조가 복잡해 고장 수리를 할 때에는 반드시 전문가의 도움을 받아야 하지. 연료도 많이 소비해서 수동 변속기 차량에 비해 약 10% 정도가 더 든단다. 연료비가 많이 들겠지.

어떻게 방향을 바꾸지? – 조향 장치

1769년 세계 최초로 발명된 퀴뇨의 증기자동차가 세계 최초의 교통 사고로 기록된 이유는 결국 자동차의 방향을 제대로 틀지 못해서였다. 자동차 역사의 초기에 사람들이 자동차를 마음먹은 대로 움직인다는 것은 결코 쉬운 일이 아니었다.

초기의 자동차들은 당시 마차에 사용되었던 조향 장치를 그대로 사용했다. 두 개의 앞바퀴가 앞 차축에 고정되어 있고 방향을 바꿀 때에는 앞바퀴와 앞 차축 전체를 직접 조향 막대나 평형 기어를 사용하여 회전시켜 자동차의 방향을 바꾸는 방식이었다.

그 후 많은 연구와 개발을 거듭하여 차축은 고정되어 움직이지 않고 차축 끝에 달린 바퀴만 회전할 수 있는 현대식 조향 장치가 탄생하게 된다.

조향 장치는 크게 세 부분으로 이루어져 있다. 먼저 운전자가 직접 움직이는 스티어링 휠(우리가 흔히 핸들이라고 부르는 것인데, 핸들은 정확한 용어가 아니다)이 있고, 스티어링 휠의 회전운동을 왕복운동으로 바꾸어 바퀴에 전달하는 기어 장치와 왕복운동을 바퀴로 전달하고 양쪽 앞바퀴를 바르게 지지하는 링크 부분으로 되어 있다.

초기의 조향 장치는 사람의 힘만으로 돌리는 기계식이었는데 무거운 중대형 자동차의 바퀴를 움직이기에는 사람의 힘만으로는 무리였다. 1952년 미국의 크라이슬러자동차는 우리가 흔히 파워 핸들이라고 부르는 유압을 이용하는 파워 스티어링이라는 장치를 개발하였다.

그리고 오늘날에는 거의 모든 자동차의 조향 장치에 이 파워 스티어

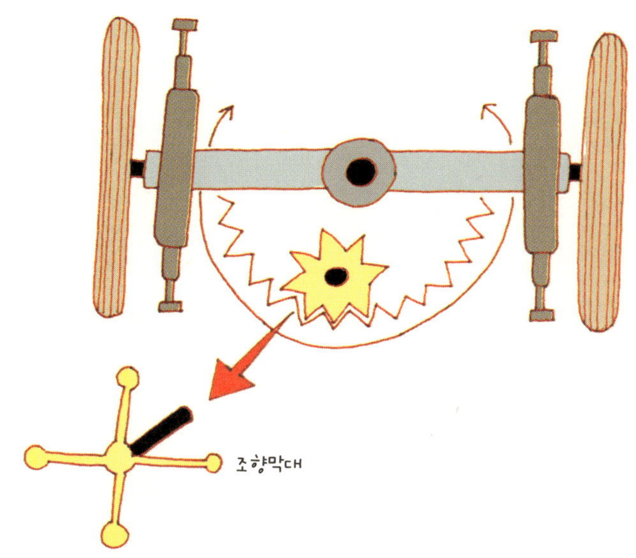

초기의 조향 장치

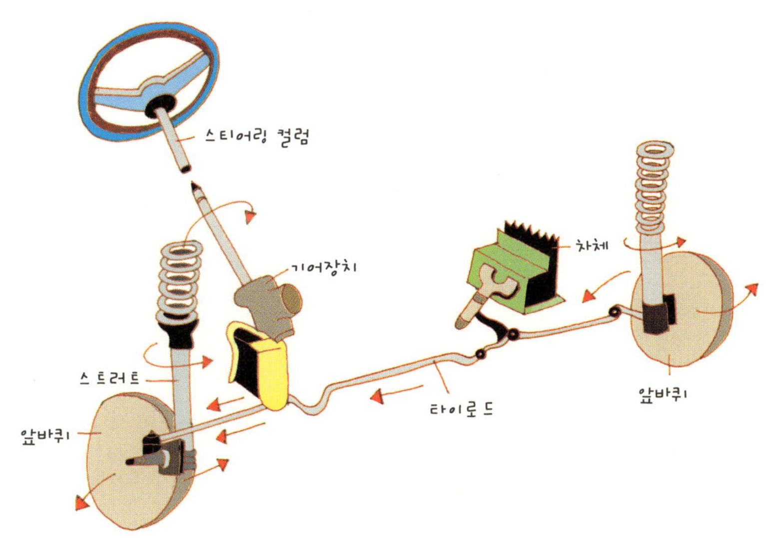

현대식 조향 장치의 구조

링 시스템이 사용되고 있다.

안전 그리고 또 안전 – 제동 장치

최초의 자동차는 그 속도가 사람의 걷는 속도와 큰 차이가 나지 않아서 차를 모는 운전자나 보행자에게 큰 위험이 되지 않았다. 하지만 점차 자동차의 속도가 높아지면서 사람의 생명을 한순간에 앗아갈 수 있는 흉기가 되기 시작한다. 따라서 빠른 속도로 달려도 필요할 때 차를 정지시킬 수 있는 기술은 자동차로부터 사람을 보호할 수 있는 가장 중요한 요소이다.

제동 장치는 마찰력을 이용하여 차의 속도를 줄이고 정지시키는데, 자동차에 쓰이는 제동 장치는 크게 드럼 브레이크와 디스크 브레이크로 나뉜다.

드럼 브레이크는 원통형의 회전체(드럼) 안에 마찰을 일으키는 띠 모양의 브레이크 슈가 장착되어 운전자가 브레이크를 밟으면 브레이크 슈가 드럼의 안쪽 면에 밀착되어 속도를 줄이게 된다.

드럼 브레이크는 1950년대 디스크 브레이크가 발명되기 이전까지 널리 사용되었으나 제동력이 떨어지는 이유로 현재는 앞바퀴에 비해서 제동력이 덜 필요한 뒷바퀴에 주로 적용되고 있다.

디스크 브레이크는 바퀴와 연결된 원판(디스크)을 양쪽에서 브레이크 패드라는 마찰체가 꽉 움켜잡아서 바퀴의 회전을 멈추게 한다. 디스크 브레이크의 장점 중 하나는 제동 시 발생하는 마찰열을 빨리 식힐 수 있다는 점이다. 드럼 브레이크에 비해서 가격이 비싸다는 단점 때문에

차돌이 Q 박사님, ABS 브레이크는 어떤 것인가요?

박사 A 음, 최근 많이 보급되고 있는 ABS(Anti-lock Brake System)은 브레이크의 신기원이라고 할 만큼 놀라운 안전성을 보여 준단다. ABS는 1952년 영국의 던롭 사가 항공기용 제동 장치로 처음 개발했는데, 1966년에는 자동차에도 적용하게 됐지.

ABS가 없었던 이전 자동차들은 브레이크를 밟으면 바퀴가 잠겨서 방향을 바꿀 수가 없었어. 비나 눈이 올 때 브레이크를 밟으면 차가 미끄러지는데 이 때 바퀴가 잠겨 버리면 운전자는 더 이상 차를 원하는 방향으로 움직일 수 없게 되는 거야. 이런 상황을 막는 데는 ABS만 한 것이 없단다.

ABS는 차가 달리는 길이 빙판, 빗물 등 어떤 악조건에 놓여도 운전자가 브레이크를 밟았을 때 아주 짧은 간격으로 바퀴를 잡았다 놓았다를 반복해서 바퀴가 완전히 잠기지 않게 하고 운전자는 차의 방향을 조정하면서 가능한 최단 거리로 차량을 정지시킬 수 있게 하는 시스템이란다.

차돌이 Q 그럼 ABS가 없어도 운전자가 발로 브레이크를 밟았다 놓았다 반복하면 되겠네요?

박사 A 물론 원리는 똑같단다. 하지만 위급한 상황에서 그렇게 할 운전자가 많이 있을까? 사람이 하기 힘든 일이 있을 때에는 기계의 도움을 받는 게 더 나을 것 같구나.

높은 제동력이 필요한 앞바퀴에 주로 장착되었지만 자동차의 성능이 점점 더 높아짐에 따라 최근에는 앞뒤 바퀴 모두에 디스크 브레이크를 장착하는 경우가 늘고 있다.

비포장도로도 비단길처럼 – 현가 장치

초기 자동차는 바퀴가 달린 차축이 차체와 직접적으로 연결되어 있었기 때문에 자동차가 달리면서 생기는 충격이 그대로 차체에 전달되었고 승객들은 고스란히 그 충격을 받을 수밖에 없었으며 차체에도 큰 무리가 가해졌다.

이런 점을 막기 위해 개발된 것이 바로 현가 장치이다. 현가 장치는 바퀴가 달려 있는 차축과 차체를 연결하는 장치인데, 자동차가 달릴 때 차축이 노면에서 받는 진동이나 충격을 차체에 그대로 전달되지 않도

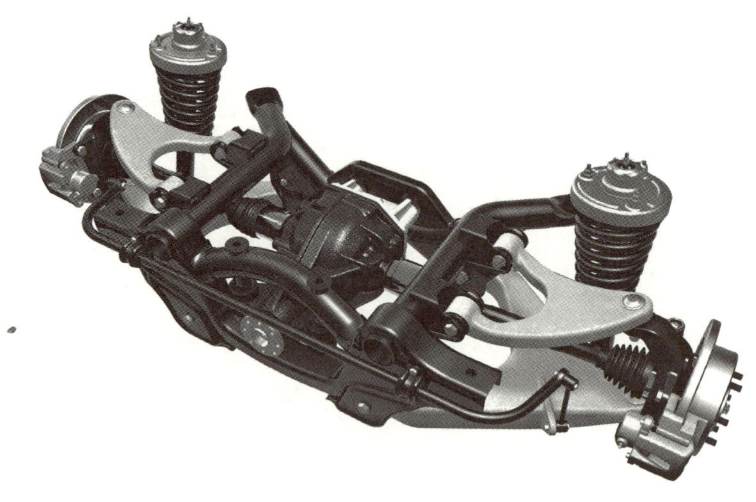

뒷바퀴에 적용된 현가 장치

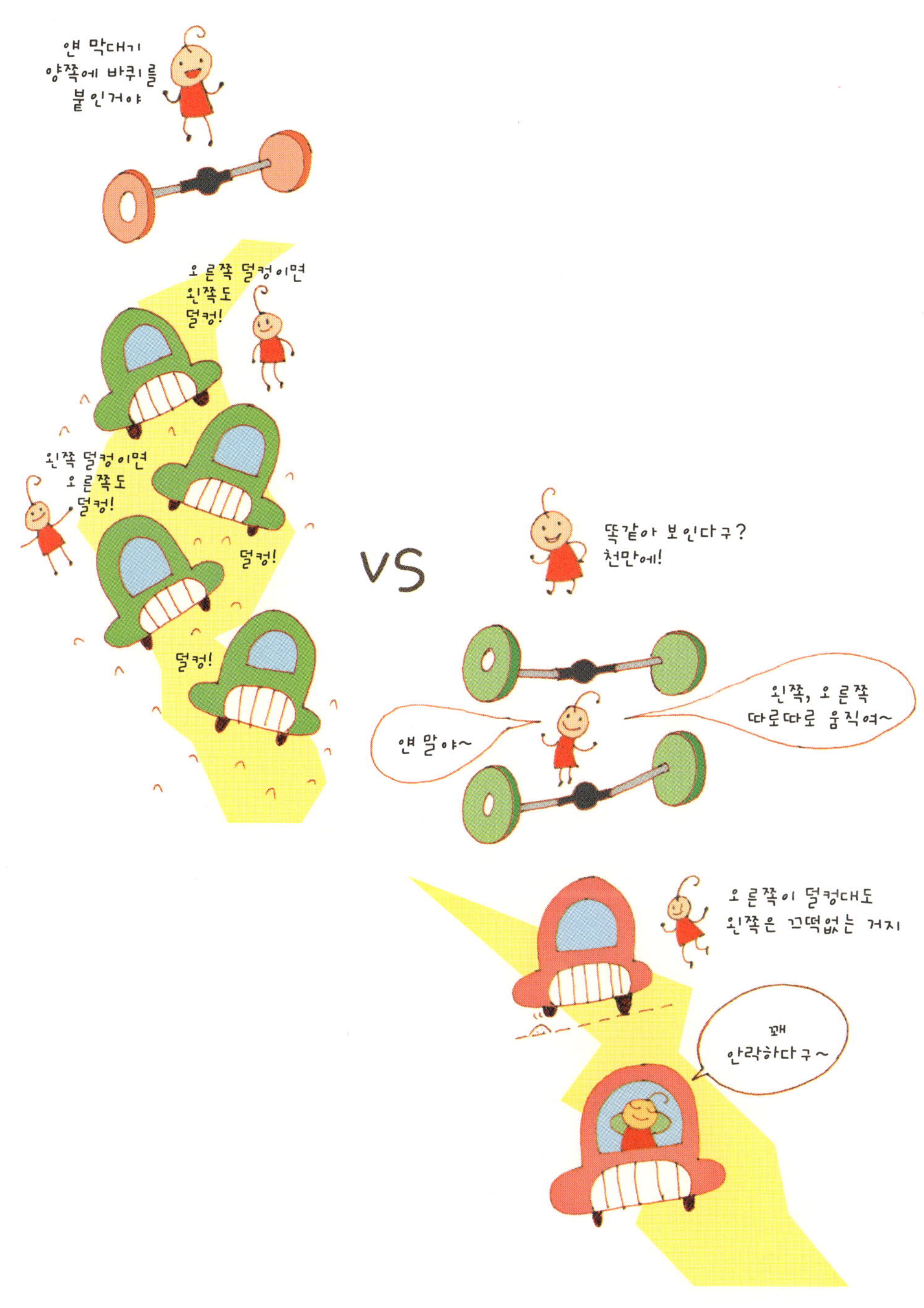
얜 막대기
양쪽에 바퀴를
붙인거야

오른쪽 덜컹이면
왼쪽도
덜컹!

왼쪽 덜컹이면
오른쪽도
덜컹!

덜컹!

덜컹!

VS

똑같아 보인다구?
천만에!

왼쪽, 오른쪽
따로따로 움직여~

얜 말야~

오른쪽이 덜컹대도
왼쪽은 끄떡없는 거지

꽤
안락하다구~

록 함으로써 차체의 손상을 방지하고 승차감을 좋게 하는 역할을 한다.

현가 장치는 크게 세 부분으로 이루어져 있는데, 자동차가 달릴 때 노면에서 받는 충격을 감소시켜 주는 새시 스프링과 새시 스프링이 충격으로 진동하는 것을 흡수하여 승차감을 좋게 하는 완충 장치(쇼크 옵서버), 그리고 자동차가 양옆으로 흔들리는 것을 방지하는 스태빌라이저 등으로 구성되어 있다.

현가 장치는 움직이는 바퀴에 생기는 구동력이나 제동할 때에 생기는 각 바퀴의 제동력을 차체에 전달해 주고, 차가 회전할 때 생기는 원심력도 견디어야 한다. 또 네 개의 바퀴가 노면 상태와는 상관없이 언제나 제 위치에 있도록 잡아 주는 역할도 한다. 따라서 편안하고 안락한 자동차에 대한 욕구가 증가할수록 현가 장치의 중요성은 점점 더 커지고 있다.

자동차의 신발 – 주행 장치(휠과 타이어)

아무리 달리기를 잘하는 사람이 있어도 신발을 신지 않으면 달리기 힘들 것이다. 자동차도 마찬가지이다. 자동차의 기본적인 기능인 달리기, 멈추기, 회전하기를 잘하기 위해서 꼭 필요한 것이 휠과 타이어이다.

휠은 엔진에서 발생한 구동력을 타이어에 전달하는 역할을 하는 부품으로 무엇보다도 충격에 강해야 하고 가벼워야 한다.

초기 나무로 만든 휠에 가죽이나 쇠를 덧댄 형태에서 시작하여 쇠로된 바퀴살을 이용한 철제 휠이 등장하면서부터 본격적인 휠과 바퀴의 발전이 시작된다. 바퀴살을 이용한 휠이 충격에 약하다는 점 때문에 철판을 눌러서 만든 디스크 휠이 개발되었고, 뒤를 이어 튼튼함과 가벼움을 동시에 가진 알루미늄 휠이 쓰이기 시작하였다.

최초의 타이어는 나무나 쇠로 된 휠에 고무를 덧댄 형태의 통고무 타이어였다. 특별한 완충 장치가 없었기 때문에 충격이 그대로 전달되

공기 주입 타이어를 최초로 자전거에 쓴 던롭

었지만 튼튼한 내구성 때문에 20세기 초까지 트럭과 같은 상용차에 많이 쓰였다.

타이어의 혁명이라고 불리는 공기 주입식 타이어는 1845년 영국의 로버트 윌리엄 톰슨에 의해 처음 개발되었다. 영국의 존 보이드 던롭은 이를 자전거에 사용해서 실용화시켰고, 1895년 프랑스의 앙드레와 에두아르 미슐랭 형제에 의해서 자동차용 타이어로 발전된다.

초기의 공기 주입식 타이어는 표면이 매끈한 형태로 빗길이나 눈길에서 쉽게 미끄러졌는데, 1908년 무렵에 들어서서는 이를 방지하기 위해 타이어 표면에 홈을 내는 트레드 시스템이 도입되었다.

　　자동차 공장에서 한 대의 자동차가 만들어지기까지는 여러 과정을 거치게 된다. 먼저 주조 공정에서 엔진용 주물을 만들고 단조 공정에서는 엔진에 들어가는 단조 부품과 변속기용 단조품을 만든 다음 이를 가공 공정에서 기계 가공을 하여 엔진 및 변속기를 생산하게 된다.

　　이와는 별도로 자동차 차제를 만드는 공정은 우선 철판을 프레스 공정에 성형한 다음 철판 조각들을 용접 공정에서 로봇 등을 이용하여 접합시키고 이렇게 완성된 차체를 페인트 공정에서는 차체 전체를 페인트 통에 담가 도색을 하게 된다.

　　그 후 외장 공정에서는 엔진, 변속기, 시트, 조향 장치, 타이어, 브레이크와 같은 제동 장치 및 각종 전자 장치 등을 장착하여 비로소 자동차를 생산하게 된다.

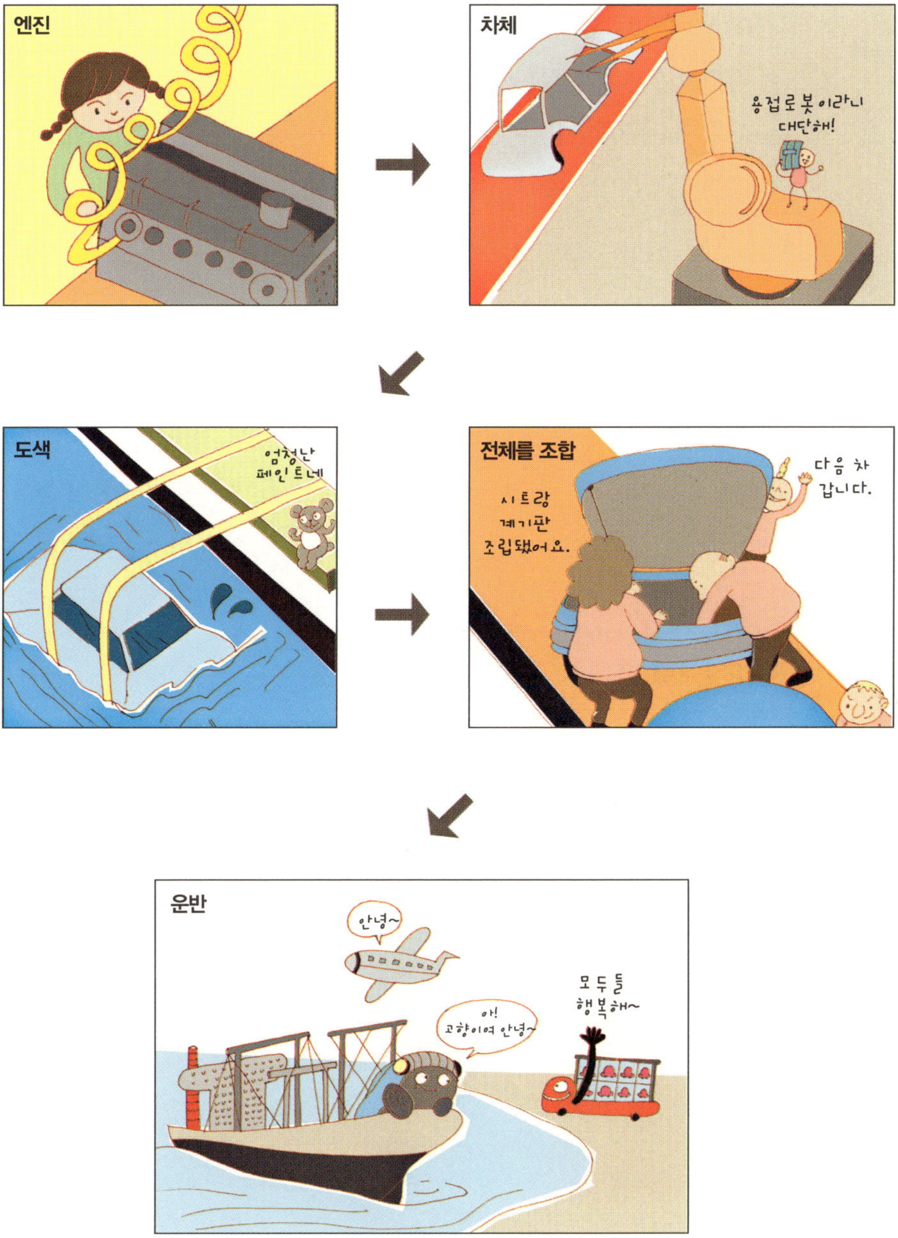

엔진
차체
용접로봇이라니 대단해!
도색
엄청난 페인트네
전체를 조합
시트랑 계기판 조립됐어요.
다음 차 갑니다.
운반
안녕~
아! 고향이여 안녕~
모두들 행복해~

자동차의 생산 과정

생산된 자동차는 수밀 시험, 소음 시험 등을 거쳐 전국에 산재해 있는 대리점까지 차량 운반 트럭, 선박 또는 열차에 의해 운송된 후 최종 소비자에게 인도된다.

자동차 한 대를 생산하는 데 걸리는 시간은 회사 및 공장에 따라 큰 차이가 있으나 경쟁력 있는 공장은 차체 프레스, 용접, 페인트, 조립 공정에서 대략 20~40시간이 소요된다.

자동차는 2만여 개의 부품으로 구성된 종합품이다. 현재는 150~200개 부품 업체에서 납품한 부품을 자동차 회사에서 조립하여 자동차를 생산하고 있다. 그러나 앞으로는 자동차 부품을 묶어서 생산하는 모듈화가 확대되어 자동차 부품을 6~12개 정도로 묶어서 납품받아 조립하는 이른바 모듈 생산 방식으로 발전할 것이라는 예측도 있어 미래의 자동차 산업에 큰 변화가 예상되고 있다.

자동차에 숨어 있는 과학원리

마찰

마찰은 한 면을 다른 면에 비비거나 물체가 공기나 물 또는 그 밖의 다른 액체나 기체 속을 통과할 때 생기는 힘이다. 그리고 이 힘은 항상 운동을 억제하는 작용을 한다.

마찰이 자동차에 이용되는 경우는 다양하다. 기계를 작동시킬 때 마찰이 생겨 열이나 소리가 나게 되며, 그 결과 마찰손실 때문에 기계에 전달된 에너지와 똑같은 양만큼 일을 할 수가 없다. 설계자나 기술자들은 마찰을 줄여 효율이 좋은 기계를 만들기 위해서 힘쓴다.

자동차에 볼베어링이나 윤활유(grease) 등을 사용하는 것과 자동차 모양을 유선형으로 만드는 것도 모두 마찰을 줄이기 위한 것이다.

그러나 자동차는 한편으로는 마찰을 이용하기도 한다. 만약 마찰이

이~익!
아이쿠!
타이어녀석 성질 다 버리겠네~
이~익!
OIL
아이쿠!
뭐야! 이게 내 일이라구!
오~ 자부심으로 빵빵!

없다면 자동차 바퀴는 한없이 굴러가 멈출 수 없게 되고 마찰을 이용한 브레이크와 같은 제동 장치도 사용할 수 없게 된다. 자동차가 길을 달리거나 방향을 바꿀 수 있는 것도 마찰 덕분이다.

타이어가 도로와 밀착될 때 마찰력이 생겨서 엔진의 힘을 바퀴를 움직이는 구동력으로 바꾸는 것이다. 특히 타이어의 트레드(tread; 타이어 겉에 새겨진 무늬로 노면에 닿는 부분)는 비나 눈으로 미끄러운 길 위에서도 마찰력을 유지하도록 고안된 것이다.

이렇듯 자동차는 마찰을 줄이기도 하고 또 늘리기도 하면서 마찰을 활용하는 기계이다.

열역학 제1법칙: 에너지는 변화한다. 하지만 그 총량은 같다!

지구상에 존재하는 어떤 물체든지 모두 에너지를 가지고 있다. 종류는 다를 수 있지만 모든 물체는 에너지를 가지고 있다. 그 물체가 공간상에서 운동을 한다든가 물리적으로 변화를 일으킨다든가 아니면 물체의 구조 자체가 바뀌는 화학적인 변화까지도 이런 변화를 통해서 어

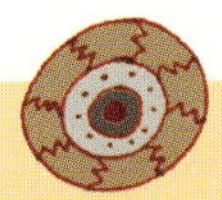

마력(horsepower)이란?

1마력은 말 한 마리가 끌 정도의 힘을 말한다. 자동차나 엔진의 힘을 마력이라고 표시하는데, 실제 1마력은 75kg의 물체를 1초 동안 1m 움직일 수 있는 힘을 말한다. 몸무게가 75kg인 사람을 밀어서 1초 동안 1m 움직였다면 이것이 바로 1마력의 힘이다. 대개 소형 승용차는 30~46마력, 중대형 승용차는 50~200마력을 가지며 증기 기관차는 1,600마력, 전함은 15만 마력 정도를 가진다.

차돌이 Q 박사님, 이 세상에서 마찰이 사라진다면 어떤 일이 일어날까요?

박사 A 마찰이 없는 세계에선 튀는 공도 소리가 나지 않아. 소리도 에너지의 한 형태이기 때문에 소리가 난다는 것은 소리가 나는 만큼의 에너지가 없어진다는 뜻이거든. 마찰이 사라지면 물건도 잡을 수가 없어. 앞으로 걸어 나갈 수 없는 것은 물론 자동차가 달릴 수도 없겠지. 그리고 한 번 움직인 물체는 멈출 수 없게 돼. 영원히 움직여야 하지. 지우개로 글자를 지울 수가 없고 볼펜으로 글씨를 쓸 수도 없단다. 나사나 못을 이용하여 물체를 고정할 수 없기 때문에 건물을 짓거나 기계를 조립하는 것도 할 수가 없어. 흙 알갱이 사이에 마찰이 없어지면 산이 사라지고 산사태가 난 것처럼 모두 흘러내리게 되겠지. 육지가 모두 평평해지고 세상이 바다에 잠기게 될지도 몰라.

떤 에너지가 발생되는데, 이렇게 변화한 에너지를 다 합한 에너지의 양은 같다. 이것이 에너지 보존법칙 또는 열역학 제1법칙이다.

따라서 에너지 보존법칙계에 저장되는 모든 에너지, 즉 운동 에너지, 위치 에너지, 전기 에너지의 총합은 일정하다.

피스톤 내에서 가솔린이나 디젤이 압축되어 폭발할 때 발생하는 열 에너지는 엔진에서 운동 에너지로 바뀐다. 열손실에 따라 열기관 효율이 결정된다.

섭씨 75도 내외가 엔진 정상 온도여서 엔진 온도가 이를 넘으면 냉각수와 방열기(라디에이터)를 통해 엔진을 냉각시키게 되는데, 이때 열 에너지 손실이 발생하게 된다. 따라서 내연기관 효율은 가솔린 엔진의 경우 40%를 넘지 못한다.

자동차의 경우 연료가 산소와 결합해서 연소하는 화학적 반응을 일으킬 때 발생하는 에너지는 모두 자동차가 달리는 데 필요한 운동 에너지와 마찰 에너지 그리고 그 밖의 손실 에너지로 바뀌는데(자동차의 에너지 효율은 통상 25~40% 정도) 이 과정에서 에너지 총량은 일정하다. 에너지는 새로 생성되지 않고 변환되는 것으로 총량은 보존되는 것이다.

열역학 제2법칙: 에너지의 변화에는 일정한 방향이 있다!

열역학 제2법칙은 엔트로피 증가의 법칙인데, 1법칙이 에너지는 일정하다는 에너지 보존의 법칙인데 비해 2법칙은 에너지 흐름의 자연적 방향에 대한 이야기이다. 즉, 에너지는 보존되지만(제1법칙) 자연현상으로 엔트로피가 증가하는 방향으로 진행된다는 것이 열역학 제2법칙이다.

 자동차 연료가 화학반응을 일으켜 운동 에너지로 바뀌면서 동시에 마찰에 의한 열손실 등 많은 손실이 일어나고 이렇게 손실된 에너지들은 역반응으로 연료를 만들어 낼 수는 없다. 연료 에너지로부터 운동 에너지로 변환되고 다시 자동차가 달리면서 그 운동 에너지로 연료를

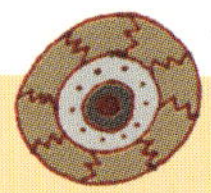

엔트로피(entropy)란?

엔트로피는 독일의 물리학자 루돌프 클라우지우스(Rudolf J. E. Clausius, 1822~1888)가 처음 사용한 말로, 그리스어로 변화를 의미하는 '트로피'에 에너지라는 말과 유사한 '엔'이라는 접두어를 붙여 만든 말이다.

사전상의 정의는 열역학에서 물체가 열을 받아 변화했을 때 변화량 또는 무질서의 정도를 나타내는 양이다. 무질서도란 콩과 팥을 한 자루에 넣고 흔들면 콩과 팥이 섞이는 것과 같이 물리학에서는 다른 상태의 것들이 골고루 섞이는 것을 무질서도가 증가한다고 정의한다. 결국 높은 온도에 있는 열이 낮은 온도로 흐르는 것은 무질서도, 즉 엔트로피를 증가시키는 변화이다. 열역학 제2법칙은 엔트로피는 언제나 증가하기만 한다는 것인데 바꾸어 말하면 물질과 에너지는 사용할 수 있는 것으로부터 사용할 수 없는 것으로만 그리고 질서화된 것으로부터 무질서한 것으로 변화한다는 뜻이다. 여기서 중요한 것은 에너지는 새로 만들어 낼 수 없다는 점이다. 우리는 에너지를 다른 형태의 에너지로 변화시키는 일을 할 수 있을 뿐이다. 결국 엔트로피가 증가한다는 말은 사용할 수 있는 에너지가 감소한다는 뜻이다. 따라서 모든 환경오염은 엔트로피의 증가를 보여 주는 가장 좋은 사례가 된다. 수력이나 풍력 등의 에너지는 엔트로피가 상대적으로 낮다. 바꾸어 말하면 얼마든지 재생 가능한 에너지에 가깝다. 하지만 휘발유, 석탄 등은 엔트로피가 무척 높은 것들이다. 우리가 살고 있는 계(system)에 열역학 제1법칙만 존재한다면 에너지는 무한정 써도 바닥나지 않겠지만, 열역학 제2법칙은 그렇지 않다는 준엄한 경고를 담고 있다.

만들거나 다른 비축 에너지를 만들어 그것을 또 운동 에너지로 바꿀 수
만 있다면 그 자동차는 연료를 한 번만 주입하면 영원히 달릴 수 있을
것이다.

그러나 이상적인 에너지 변환, 즉 손실 없이 모든 열에너지가 일로
(또는 일이 열로) 바뀌는 것은 있을 수 없기 때문에 이러한 일은 불가능
하다는 것이 열역학 제2법칙이다.

보일 – 샤를의 법칙: 엔진을 데워 자동차를 움직이게 하는 원리

'일정 부피 조건(isometric condition)' 아래에서는 온도가 증가하면 기
체의 압력이 증가한다는 것이 '보일–샤를의 법칙'이다.

부피가 일정하다는 조건에서 온도가 상승하면 기체 분자의 운동 에
너지는 커지지만 용기 벽의 넓이는 일정하게 유지되기 때문에, 단위 시
간당 단위 면적에 충돌하는 기체 분자의 수가 증가하여 압력이 높아지
게 된다. 이때 기체의 수가 증가하는 것은 아니고 기체 분자가 더욱 빠
른 속도로 활발히 운동하기 때문에 충돌 횟수가 증가하여 압력이 높아
진다.

자동차 엔진의 실린더는 주철 또는 알루미늄 주물로 만들어져서 그
안은 일정 부피를 유지한다고 볼 수 있기 때문에 폭발행정 시 온도가
올라가면 압력이 증가하여 피스톤을 내려 누르게 되고, 이 힘이 크랭크
축을 회전시켜 이 회전운동이 바퀴에 전달되어 자동차가 움직일 수 있
게 된다.

베르누이의 정리

기체나 액체의 흐름이 빨라지게 되면 압력이 낮아지는 원리로 1738년 스위스 과학자 다니엘 베르누이(Daniel Bernoulli, 1700~1782)가 발견하였다.

어떤 유체 덩어리가 있으면 이것이 가진 에너지는 내부 자체의 압력 에너지를 가지고 있다. 그리고 이것이 움직이는 상태라면 운동 에너지 그리고 지구 중력장 안에 있기 때문에 중력 위치 에너지를 가지는데, 어떤 상태에서 이들의 합이 1이라면 이 유체 덩어리가 다른 상태가 되어도(속도가 변하거나, 높이가 변해 위치 에너지가 변동되거나, 자체 압력 변동이 있거나 등) 이 에너지들의 합은 1로 변함이 없다.

그런데 이것이 성립하려면 외부와의 마찰과 같은 에너지 낭비 요소가 없어야 된다. 만약 이런 낭비가 없다고 가정하고 정리하면, 에너지의 총합에는 변함이 없기 때문에 어떤 에너지의 감소는 다른 에너지의 증가를 가져오게 된다. 압력이 낮아지면 속도가 높아져 압력 에너지의 감소를 운동 에너지의 증가로 보완하게 되는 것이다.

베르누이의 정리는 비행기가 날 수 있는 이유를 보여 준다. 비행기 날개의 경우 활주로를 달릴 때 날개는 공기를 가르게 된다. 이때 날개 윗면과 아랫면으로 각각 공기의 흐름이 분리된다. 공기의 흐름 속도가 윗면이 빠르도록 날개를 설계하여 윗면을 타고 흐르는 공기는 속도가 빨라지면서 압력이 낮아지게 된다.

따라서 상대적으로 날개의 아랫면의 압력이 높아지게 되고 당연히 압력이 높은 곳에서 낮은 방향으로 힘이 작용하게 되어 날개를 들어 올리는 양력이 생기게 된다.

　자동차의 경우 앞을 수직으로 둔탁하게 만들면 압력이 높아지고 자동차가 앞으로 빨리 달리는 데 지장이 있다. 따라서 차를 유선형으로 만들면 차 앞부분의 유속은 빨라지고 압력은 낮아진다.
　물론 유선형으로 만들면 자동차 뒷부분에 발생하는 난류를 감소시켜 주는 효과도 있다.

자동차 디자인의 역사

자동차를 만들기 위해 가장 먼저 해야 하는 일은 뭘까? 엔진 만들기, 차체 조립 모두 아니다. 어떤 자동차를 만들 것인지 디자인을 하는 것이 최우선이다.

자동차 디자인의 목적은 사람들이 편리하고 안전하고 쉽게 사용할 수 있으면서 동시에 아름다운 차를 만드는 것이다. 자동차 디자이너는 이러한 목표를 지닌 전문가여야 하며, 이와 같은 전문가가 되기 위해서는 날카로운 이성과 더불어 건전한 감성을 지녀야 한다. 건전한 감성에서 나오는 건강한 스타일이야말로 모든 디자이너의 목표라고 할 수 있기 때문이다.

자동차 개발에 있어서 디자이너가 자동차 설계 부문과 서로 협조하여야 할 범위는 자동차의 엔진 부분을 제외한 거의 모든 부문에 해당한다. 자동차 디자이너는 자동차 제품 중에서 눈에 보이는 내·외장의 모양을 비롯하여 그 외 모든 부품 및 색채에 해당되는 개발에 책임이 있다고 할 수 있다.

자동차 디자인의 범위는 넓게는 자동차 보디 스타일의 기본형 창조에서부터, 좁게는 차량 내부의 조그마한 버튼 부품 하나하나의 디자인 결정에 이르기까지 차 전체의 개발 과정에 걸쳐 있다.

자동차 디자인은 모든 제품 디자인의 기본이 되는 분야로 실제 생활에서 잘 쓰일 수 있는 제품을 만들어야 한다는 점을 디자인의 최우선 목적으로 한다. 자동차는 빠른 속도로 움직이는 것이 기본이 되는 제품이므로 예술과 기술 분야를 아우르는 아이디어를 가지고 종합적이고 참신하게 디자인해야 한다.

자동차 본래의 기능을 충분히 발휘하며 동시에 자동차의 내·외장 형태가 소비자들의 감성을 충분히 만족시키는 자동차를 디자인하는 것이 자동차 디자이너의 최우선 관심이다.

따라서 자동차 디자이너는 기계적인 면과 예술적인 면을 모두 볼 수 있는 넓은 시야를 가져야만 한다. 그리고 한 대의 완성차가 만들어지기까지 여러 분야의 조화가 필요한 만큼 디자인 담당자는 기획, 설계, 생산, 판매 등의 여러 부문과 밀접한 협조 자세를 갖추지 않으면 안 된다.

자동차야, 마차야?

마차와 구분이 안 되던 초창기 자동차

1886년 독일에서 만들어진 두 대의 자동차로부터 근대 자동차의 역사는 출발한다. 하나는 벤츠가 특허를 받은 3륜 자동차로서 공식적인 세계 최초의 가솔린 엔진 자동차로 인정되고 있다. 또 다른 하나는 같은 해 같은 독일에서 다임러에 의해 제작된 가솔린 엔진의 4륜 자동차이다.

특허를 기준으로는 벤츠의 3륜 자동차를 근대 자동차의 효시로 꼽을 수 있다. 하지만 기술적인 의미에서는 벤츠나 다임러 모두 근대 자동차의 아버지라 부를 수 있다.

초기의 자동차는 벤츠의 3륜 자동차 구조와 같이 말 없는 마차의 형태를 가지며 승객실(cabin)의 개념이 없었다. 또한 섀시도 기존의 마차와 동일한 구조를 가지고 있었기 때문에 자동차 디자인의 개념은 찾아볼 수 없었다.

자동차가 발명된 이후 구조적인 진보는 초기 유럽을 거쳐 헨리 포드에 의해 미국에서 빠르게 이루어졌다. 포드 T형 모델이 대량 생산 방식으로 제작되기 시작한 1913년 이전까지의 자동차 제작은 엔진과 구동 장치를 만드는 섀시업자에게서 자동차 운행에 관련된 부품들을 공급받

그래~
지금 구울거다
새 모델이에요!

아서 차체를 만드는 마차 제조업자에게 의뢰하여 최종 제품을 완성하는 수공업 형태에 머물러 있었다.

자동차 디자인의 개념이 싹트다 – 1920년대

미국 포드 사의 T 모델이 대량 생산되기 시작하면서 1920년대에 들어서 비로소 자동차의 앞쪽은 엔진 공간이, 뒤쪽은 주거 공간이 있는 2박스(box) 형태의 고전적 자동차 디자인의 형식을 갖추었다.

1920년대 말에는 유선형의 자동차 디자인이 등장했고, 트렁크의 개념이 생기며 세단형 자동차가 선보이기 시작하였다.

스타일! 자동차의 얼굴 – 1930년대

포드 사의 대량 생산 방식이 자동차 산업의 표준으로 자리를 잡고 미국의 빅3 자동차 회사인 GM, 포드 그리고 크라이슬러가 미국의 자동차 대중화를 주도하면서 자동차의 차체를 만드는 금형 프레스 기술이 발달하였다.

스타일 중심의 1930년대 자동차

자동차의 모양을 결정짓는 금형틀을 어떻게 만드느냐에 따라서 자동차의 겉모습의 변경이 자유롭게 이루어졌고, 이에 따라서 자연스럽게 스타일 중심의 디자인 개념이 정립되었다.

다양하고 독특한 겉모습 – 1940년대

제2차 세계대전을 겪으면서 미국의 자동차 산업은 군용 차량의 생산량 증가와 함께 놀랍게 성장하였고, 자동차 기술의 진보도 크게 이루어졌다.

군용 차량의 제작을 바탕으로 미국 자동차 업체들은 자동차 엔진의 대형화, 고성능화를 이룰 수 있었고 자연스럽게 미국의 자동차 문화는 차체의 대형화, 고급화의 모습을 갖추게 되었다.

반면 유럽은 전후 어려운 경제 사정으로 소형차가 대부분이었으며, 구조 또한 간단하고 장식적인 요소가 적은 스타일이 주류를 이루었다.

이 당시 미국은 민간용 차량과 함께 대표적인 군용으로 지프(Jeep)가 등장하여 오늘날까지 지프 스타일의 고유 모델이 존재한다.

한편 전후 유럽의 대표적 모델은 1945년 독일의 폴크스바겐의 비틀과 비틀을 최초로 설계한 포르셰 박사가 만든 포르셰 스포츠 카가 등장하였다.

최초의 스포츠 카 1949년 포르셰

또한 전쟁 후 민간용 차량의 생산을 재개한 피아트, 란치아, 페라리도 소형차와 스포츠 카에서 독특한 유럽 스타일의 모델을 선보였다.

디자인, 자동차 산업의 중심에 서다 – 1950년대

1950년대는 자동차의 바로크 시대로 불릴 만큼 화려한 장식과 공기역학 구조의 형태가 절정을 이룬 시기였다.

새로운 스타일과 성능을 강조한
1950년대 미국 자동차 광고

1954년부터 매년 새 모델이 발표되며 자동차 변화주기가 짧아지고 자동차 디자인의 중요성이 크게 부각되었다.

기술의 진보도 급속히 이루어져 모노코크 차체의 출현과 OHC(overhead camshaft: 고속 회전이 용이하게 캠축을 실린더 헤드부에 설치하는 방식) 엔진 개발 등으로 차체 높이가 낮아지고 엔진의 고성능화가 이루어졌다.

미국과 유럽에 이어 일본의 자동차 회사들도 다양한 모델을 개발하면서 각각 고유의 캐릭터를 가지게 되었고 새로운 스타일이 속속 등장하였다.

나만의 스타일 그리고 속도 – 1960년대

자동차가 일반 대중 상품으로 인식되는 시기로 정통적인 디자인 개념에서 탈피하여 다양한 소비자의 취향에 따라 선택하는 소비제품의 개념으로 변화한다.

미국에서는 1964년 발표한 포드의 머스탱에 의한 새로운 스타일의 전기가 마련되면서 스포츠 스타일의 요소가 가미된 다양성이 스타일의 주류를 이루었다. 그리고 유럽은 기술의 성숙에 관심을 기울이며 유럽형의 고급화와 실용성을 강조하는 소형차가 자리를 잡아 갔다.

한편 신흥 공업국인 일본의 자동차가 세계 시장에 서서히 선보이기 시작하였다.

우아한 스타일을 강조하는
영국의 자동차 광고, 1961년

오일쇼크의 충격 – 1970년대

1970년대에는 두 차례에 걸쳐 발생한 오일쇼크에 의해 자동차 산업계가 엄청난 변혁을 겪게 되었다.

유가의 폭등으로 소형차가 세계 시장의 주류를 이루었고 미국 시장에서 별로 주목받지 못하던 일본 차가 급격히 새로운 강자로 등장하

오일쇼크의 영향으로 미국에서
성공한 도요타의 소형차 카롤라 1974년

였다.

미국에서는 모든 메이커의 차량과 엔진 크기가 줄어들었고 공기 저항을 줄이기 위한 날카로운 박스형 차체와 기하학적인 형태가 유럽과 일본에서 자동차 스타일의 주류를 이루었다.

다시 찾은 평온함 – 1980년대

오일쇼크의 충격이 가시면서 1980년대부터 자동차 디자인은 차량 전체가 부드러운 라운드 형태로 변화하면서 이것이 주류를 이루게 되었다.

또 운전 시간이 길어지고 다양한 레저 활동에 대한 관심이 커짐에 따라 실내 공간이 넓어지고 레저용으로 스포츠 유틸리티 차량(SUV)과 미니밴 등의 모델이 선보였다.

디자인, 벽 앞에 서다 – 1990년대

20세기 말에 들어서 자동차는 보급에 있어 포화 상태에 이른다. 동일한 디자인으로 대량 생산하던 방식에서 다품종 소량 생산으로의 변화와 함께 자동차 기술이 보편화되면서 각 자동차 회사마다 가지고 있던 고유한 스타일이 희박해졌다. 얼핏 봐서는 어느 회사의 자동차인지

구분하기가 쉽지 않은 시대가 된 것이다.

디자인 새로운 꿈을 꾸다 – 21세기의 디자인

자동차 디자인은 차체의 모양을 자유롭게 만들 수 있는 기술이 발전함에 따라서 그 어느 때보다도 기술적인 제약이 없이 창조적인 형태로 발전할 수 있게 되었다. 따라서 21세기의 자동차는 지금까지 우리가 생각했던 자동차와는 전혀 다른 모습으로 변신할 가능성도 충분히 있다.

한편 과거에는 자동차 기술의 발전 여부에 따라서 디자인의 형태가

정해졌다면 앞으로는 디자인에 대한 욕구를 충족시키기 위한 자동차 기술의 발전도 충분히 가능해질 것이다.

앞으로의 자동차 디자인 방향은 무엇보다도 대량 생산, 대량 소비의 대표적인 형태였던 자동차 산업에서 벗어나 개인적인 감성을 만족시킬 수 있는 다양한 형태의 자동차 제작에 맞추어질 것이다.

또한 자동차 디자인의 발전은 자연 파괴의 주범으로 여겨지던 자동차의 모습을 자연과 공존하는 자동차로 바꿀 수 있는 방향으로 나아가야 할 것이다.

04
새로운 상상
미래자동차를 꿈꾸며

미래자동차의 임무

    막히고 돌아가는 명절 귀향길, 꽉 막힌 도로에서 쏟아지는 졸음만큼 괴로운 일도 없는데 이럴 때 운전자가 잠을 자도 자동차가 알아서 목적지까지 안전하게 데려다 주면 얼마나 좋을까? 이런 상상을 해봤을 것이다. 그런데 이것은 단지 상상이 아니다. 가까운 미래에 충분히 가능한 일이다.

    미래의 자동차는 자동 운전과 무인 운전 시스템을 갖추게 될 것이며, 통행량과 속도를 계산하여 목적지까지 예상 시간을 정확하게 알려 줄 것이다. 차가 고장이 난다면 자동차는 알아서 정비 요청을 보낼 것이다.

    그런데 이런 꿈같은 시스템이 구현되기 이전에 당장 당면한 문제는 바로 연료 문제이다. 언제 고갈될지 모르는 석유에 인간은 더 이상 의

존할 수 없기 때문이다.

따라서 세계 자동차 산업계에서 현재 가장 큰 이슈는 석유 자원의 고갈과 환경오염에 대비하기 위한 하이브리드 자동차, 연료전지차, 전기차 등 친환경 대체 에너지 차량을 누가 고품질과 고효율로 먼저 만들어 상용화하는가 하는 것이다.

이것이 미래 세계 자동차 시장의 경쟁력을 가르는 척도가 되고 있을 정도이며, 이 경쟁에는 주요 자동차 업체는 물론 각국의 정부가 적극 주도하고 있는 상황이다.

대체 에너지 차량 가운데는 석유와 배터리를 동시에 모두 사용하는 하이브리드 자동차가 이미 상용화돼 대중에게 판매되며 현재 시점까지 가장 친환경 미래자동차에 근접해 있다.

그러나 세계 자동차 업계 전문가들은 하이브리드 자동차보다는 지구상에서 종국의 대체 에너지 자동차로 자리 잡을 것은 연료전지차라는 데 대부분 동의하고 있다.

연료 문제와 관련된 친환경 자동차의 개발과는 별도로 다른 한편에서도 미래자동차를 준비하고 있는데 바로 지능형 자동차의 개발이다. 언제 어디서나 네트워크에 접속할 수 있는 유비쿼터스 시대를 살아가는 우리에게 이제 자동차는 단순한 교통수단을 넘어서 제2의 생활공간으로 자리하고 있다.

이에 발맞춰 우리는 21세기 신(新)유목민 시대에 적합한 '지능형 자동차' 개발에 연구의 초점을 맞추고 있다.

‘목적지까지 차가 스스로 알아서 가는 꿈의 자동차’, ‘운전자가 손을 쓸 필요 없이 말로 조종되는 미래형 자동차’ 이른바 지능형 자동차에 대한 연구 개발이 전 세계적으로 활발히 이루어지고 있다.

지능형 자동차 연구는 자동차 보유량의 급격한 증가와 여성 운전자 확대, 운전자의 노령화에 의해 운전자 계층이 다양해짐으로써 자동차의 안전성을 운전자 개인의 능력에만 의존하는 수동적인 방법에서 탈피해 운전자의 시각 및 지각의 한계를 보완해 줄 수 있는 시스템으로, 기계공학 중심의 자동차에 전자통신제어공학을 접목시켜 이루어지고 있다.

특히, 국가에서 5년 내지 10년을 내다보고 선정한 '차세대 성장 동력 산업' 인 지능형 자동차 연구는 관련 업체에서도 기업의 사활을 걸고, 연구비를 대폭 확대하면서 연구 인력 확보에 총력을 기울이고 있다.

전기 자동차

전기 자동차는 전기를 원동력으로 하는 자동차이다. 일반 자동차가 화석연료를 사용하는 내연기관의 힘으로 주행하는 데 비해 전기 자동차는 전력으로 모터를 돌려 주행하는 자동차로 다음과 같이 세 종류로 나눌 수 있다.

1. 외부로부터 전력을 공급받아 달리는 자동차 그 대표적인 예로 트롤리버스(trolleybus)를 들 수 있는데, 그것은 전차에 고무 타이어가 부착된 것과 같은 형태이다.

트롤리버스는 유럽·미국의 주요 도시에서는 19세기 말부터 사용되어 왔는데, 승용차의 보급과 함께 도시교통이 복잡해지기 시작하자 점차 모습을 감추게 되었다.

2. 차에서 직접 전력을 만들어 달리는 자동차 연료전지나 태양전지 등을 이용한 자동차로, 아직 실험 단계를 벗어나지 못하고 있다. 1985년 스위스에서 태양전지를 이용한 자동차의 장거리 경기가 벌어졌는데, 5일 동안 368km를 주파하였고 우승 자동차는 평균 시속 38km를 기록하였다.

이때 경기에 참가한 모든 자동차는 손으로 직접 만든 초경량 차량이었기 때문에 실용성과는 동떨어졌으나, 보다 고성능의 태양전지가 개발된다면 실용화될 가능성이 충분하다.

3. 배터리에 모아 둔 전력으로 달리는 자동차 증기자동차가 나오기 이전에 벌써 실용화되었던 전기 자동차로, 19세기 말 증기 엔진 · 가솔린 엔진과 함께 자동차 동력원의 주도권을 다툰 적도 있었다.

특히 미국에서는 1895년 변호사 J. 셀턴이 가솔린 자동차의 기본에 대한 특허를 취득하였기 때문에 특허료 지불을 꺼리던 업체는 전기 자동차나 증기자동차를 만들 수밖에 없었다. 따라서 전기 자동차가 1920년대까지 계속 생산되었다.

전기 자동차는 소음과 진동이 거의 없고 배기가스를 배출하지 않기 때문에 냄새도 나지 않으며 대기를 오염시키는 일도 없었다. 또 별도의 클러치나 변속기를 필요로 하지 않아 운전하기가 쉬워서 노인이나 여성 운전자들에게 큰 인기였었다. 그러나 배터리의 축전능력의 문제로 일단 자동차 역사에서는 사라지고 만다.

　1980년대 말부터 점점 심각해지고 있는 자동차 공해 문제를 해결할 수 있는 무공해 차량으로 전기 자동차 개발의 중요성이 인식되고 또한 배터리와 관련된 신기술이 개발되면서 전기 자동차에 대한 관심이 다시 높아졌다. 전기 자동차는 미국 캘리포니아 주정부의 강력한 의지로 1998년부터 전기 자동차 사용을 의무화하는 무공해 자동차(ZEV: Zero Emission Vehicle) 법안이 입법화되면서 본격적으로 개발되었다.

　그러나 최근에 이르기까지 집중적인 투자에도 불구하고 배터리 기술 개발이 예상만큼 진전되지 못해 가까운 장래에는 상용화되기 어렵다는 비판적인 의견도 나오고 있다.

　1990년대 초에 예상하기로는 2000년쯤이면 전기 자동차의 실용화가 가능할 것으로 예상하였으나 최근에 들어서는 앞으로 10년 이내에 전기 자동차를 실용화할 수 있는 배터리 기술 개발을 기대하기 어려울 것이라는 전망이 지배적이며, 어쩌면 이보다 훨씬 늦어질 수도 있다는 의견이 나오고 있다.

　하지만 전기 자동차가 자동차 배기가스 공해의 해결책이라는 점에는 많은 사람들의 의견이 일치하고 있어서 전기 자동차 개발 노력은 계속될 것으로 예상되고 있다.

　전기 자동차는 배터리, 모터, 모터 제어기 등으로 구성된다. 전기 자동차용 배터리는 지금까지 많은 종류가 개발되었다. 납축전지(lead-

Ni-MH 전지는
Ni-cd 전지보다
용량이 크죠.
넌 추위에
약하잖아.
추워서
아무것도
못하겠어.
Ni-MN
Nicd
Nicd충전
Nicd
으~
뭔가
모자라
Ni-MH
으윽~
무거워~
LEAD-ACID
음~
나도 현역일 때가
있었지!
인공위성에서
지금 복귀했습니다.
Ni-cd
Ni-MH
Ni-cd 전지는
방전 후에 충전해야
수명이 길어져요.
Hey! Li-ion
휴대전화랑
노트북이 불러
OK!
쟤~ 몸값이
무지 비싸다며?
밥먹자!!
야~호
아! 노곤노곤해~
오래 살려면
더 참았다 먹어야해
Ni-cd
Li-ion전지는
방전 후 충전하면
수명이
짧아져요.

acid battery)는 1860년대 실용적으로 개발되어 자동차 및 공업용으로 가장 많이 활용되고 있으나 큰 부피와 무게 그리고 환경 문제가 단점이다.

니켈-카드뮴(Ni-Cd) 전지는 1899년 발명되어 군사용으로 주로 사용되나 카드뮴(Cd)의 중금속 오염 문제가 있다. 니켈-수소(Ni-MH) 전지는 1990년대 본격적으로 상용화되어 전자통신 장비에 사용되고 또 전기 자동차와 하이브리드 자동차에도 널리 사용되고 있다.

리튬이온(Li-ion) 전지는 1912년 처음 등장하여 1970년대 상용화되었고 현재 휴대전화 등에 많이 사용되고 있다. 무게와 부피가 작아 전기 자동차용 배터리로 주요 활용 대상으로 떠오르고 있다.

하이브리드 자동차

자원과 환경 문제를 한꺼번에 해결할 수 있는 가장 좋은 자동차인 전기 자동차의 실용화가 성능 좋은 배터리 개발이라는 벽 앞에서 막히자 그 대안으로 등장한 것이 하이브리드 자동차이다.

하이브리드 자동차는 전통적인 내연기관과 배터리를 모두 동력원으로 사용한다. 엔진과 구동 모터, 배터리를 함께 사용하는 하이브리드 자동차는 전기 자동차와 같은 무공해 자동차는 아니지만 전통적인 내연기관 자동차와 비교해서 공해 배출량을 최소화하는 저공해 자동차이다.

하이브리드 자동차는 동력을 만들어 내는 엔진과 모터가 각각 어떤 역할을 담당하느냐에 따라 직렬형과 병렬형으로 나뉜다. 직렬형 하이브리드 자동차에서는 자동차를 움직이는 일은 모두 모터가 담당하고 엔진은 발전기를 돌려 배터리를 충전하는 역할만 한다. 즉, 차 안에 발전기가 있다고 보면 된다.

병렬형 하이브리드 자동차의 경우 자동차가 시내 주행 같은 큰 힘을 쓰지 않아도 되는 상태에서는 모터로 움직이고, 고속이나 가속이 필요할 때에는 엔진 또는 엔진과 모터가 동시에 바퀴를 구동한다. 현재 실용화되어 판매 중인 하이브리드 자동차는 대부분 병렬형이다.

완전 무공해차인 연료전지 자동차의 기술적, 경제적 문제를 해결할 수 있을 때까지는 하이브리드 자동차가 향후 10여 년간은 공해와 자원 문제의 대안으로 선택될 것이다.

일본은 도요타와 혼다를 중심으로 하이브리드 자동차의 개발, 생산, 판매에 힘써 이 부문에서는 미국과 유럽을 앞서고 있다. 특히 1997년부터 '프리우스(Prius)'라는 하이브리드 자동차를 생산하고 있는 도요타는 2005년에는 30만 대의 하이브리드 자동차를 생산 판매하였다.

미국 및 유럽의 자동차 업체가 하이브리드 자동차 생산에 소극적인 이유는, 미국의 경우에는 자동차 업체들이 1990년대 후반 전기 자동차를 개발했으나 판매 부진을 겪은 후, 하이브리드 자동차 대신 완전 무공해 자동차인 연료전지 자동차 개발을 추진했기 때문이다.

유럽의 경우에는 하이브리드 자동차 대신 디젤 자동차 개선에 더 힘을 쏟았기 때문이다.

그러나 최근 전 세계적인 석유값 급등 현상은 연료전지 자동차로 넘어가는 중간 단계인 하이브리드 자동차를 먼저 개발하여 1997년부터 판매하기 시작한 도요타자동차의 전략을 더욱 돋보이게 하고 있다.

보통 휘발유 1리터에 10~15km를 주행하는 기존 가솔린 엔진 자동

핫 핫 핫 핫 핫
호 호 호 호 호
전기?
기름?
병렬~
직렬~
내 연료~ 내 맘대로~
쟤~ 오바하네?
냅둬, 요샌 저게 대세야~

차에 비해 하이브리드 자동차는 리터당 28~35km를 주행하며 공해 발생량도 매우 적다.

참고로 혼다의 하이브리드 자동차 '인사이트(Insight)'는 휘발유 1리터당 35km를 주행하고 도요타자동차의 프리우스는 리터당 28km를 달린다.

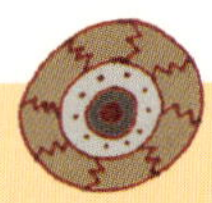

온실가스 배출을 규제하는 교토의정서

교토의정서는 지구 온난화 주범으로 지목되는 이산화탄소를 비롯한 온실가스의 배출 억제를 위한 국제적 노력의 결과이다. 1992년 유엔이 주도해 기후변화협약이 맺어졌고, 이후 온실가스를 줄이기 위한 구체적 협의 끝에 1997년 기후변화협약 3차 당사국총회에서 교토의정서가 채택됐다.

현재 한국을 비롯한 136개국이 비준을 마친 상태이다. 교토의정서가 규정한 온실가스는 이산화탄소, 메탄, 아산화질소, 수소화불화탄소, 과불화탄소, 육불화황 등 여섯 가지이다.

교토의정서는 그러나 세계 1위 온실가스 배출국인 미국이 2001년 자국 산업의 피해와 다른 나라들과의 형평성 등을 내세우며 탈퇴해 발효 여부가 불투명했다. 하지만 2005년 10월 러시아가 이를 비준함으로써 극적으로 발효 요건을 갖추게 됐다. 효과를 높이기 위해 온실가스 배출권 거래제 등을 도입한 게 교토의정서의 특징이다.

교토의정서 발효에 따라, 1차 이행기간 의무부담국이었다가 탈퇴한 미국과 호주를 제외한 37개국은 2008년부터 2012년까지 온실가스 배출량을 1990년에 견주어 평균 5.2% 줄여야 한다.

교토의정서 참여국들은 또 2013년부터 2017년까지 설정된 2차 이행기간의 의무부담 방식에 대한 협상을 올해 시작한다. 교토의정서는 그러나 위반국에 대한 직접적인 제재를 담고 있지 않고, 미국·중국·인도 등 거대 산업국가들이 불참하고 있는 점이 한계로 지적되고 있다.

차돌이 Q 박사님, 하이브리드(hybrid)라는 단어가 좀 어려워요. 무슨 뜻인가요?

박사 A 본래 하이브리드는 '잡종', '혼혈' 등을 의미하는 단어란다. 하이브리드 자동차라고 하면 단어의 뜻대로 두 가지의 동력원을 함께 사용하는 차를 얘기하지.
여기서 두 가지란 기존 자동차에 사용하던 내연기관 엔진에 전기 모터를 결합한 형태로 전기 모터는 차량 내부에 장착된 고전압 배터리로부터 전원을 공급받고 배터리는 자동차가 움질일 때 다시 충전이 된단다.

차돌이 Q 아, 배터리를 따로 충전할 필요가 없으니까 연료가 적게 들겠군요.

박사 A 그렇지! 또 한 가지 사실, 기존 자동차의 에너지 손실은 대부분 교통 혼잡에 따른 공회전 시간과 차량이 정지할 때 발생하거든. 하이브리드 자동차는 기존 자동차 엔진의 단점을 보완해 차량의 속도나 주행 상태에 따라 엔진과 모터의 힘을 적절하게 제어해 효율성을 높였단다. 출발할 때는 전기 모터로 엔진 시동을 걸고, 주행이나 가속 시에는 엔진이 주 동력원이 되고 모터가 보조 동력원으로 작동하게 돼 있어.
브레이크를 밟아 감속할 때는 차량의 운동 에너지를 전기 에너지로 전환해 배터리를 충전하고 차를 멈추면 엔진과 모터가 모두 정지하게 되지. 하지만 하이브리드 자동차는 기존 엔진에 모터를 탑재해야 하고 부품 수가 늘어나 상당히 무겁단다. 엔진을 부분적으로나마 가동하기 때문에 완전한 무공해 차가 아니라는 것도 단점이지.

최근 들어 미국의 자동차 업체도 소비자환경단체들의 요구에 따라 다시 하이브리드 자동차의 개발에 눈을 돌리기 시작하여, 포드는 2004년 하이브리드 미국 업체 최초로 '에스케이프(Escape)'를 양산하기 시작하였다.

GM은 2005년 자사 최초 모델인 '새턴 밴(Saturn Van)'을 시작으로 2007년까지 12개의 하이브리드 자동차 모델을 개발하고 연간 100만 대 판매를 목표로 하고 있다.

한편 국내 업체 중 현대와 기아는 2004년 12월 '클릭(Click)'의 하이브리드 모델을 개발하여 현재 소형 세단 하이브리드 자동차 양산을 계획 중이다.

연료전지 자동차

연료전지 자동차는 수소와 전기가 동력원인 완전 무공해 차량으로 간접식 연료전지 자동차(메탄올, 가솔린)와 직접식 연료전지 자동차(수소)로 나눌 수 있다.

1965년 발사되어 지구 궤도를 8일 동안 120회 선회한 미국 우주선 '제미니 5호'는 세계 최초로 알칼리 연료전지(fuel cell)로 우주선에 필요한 전력과 물을 공급하였다. 석유나 석탄을 때는 엔진의 에너지 효율은 통산 40% 정도이지만 연료전지는 80%에 달한다.

연료전지의 기본 원리는 전기분해이다. 물(H_2O)을 전기분해하면 수소(H)와 산소(O)가 생긴다. 이 실험의 역반응을 이용한 것이 연료전지 자동차이다. 수소와 산소로 화학반응을 일으켜 전기와 물을 만들어 내는 것이며 배기가스 중에는 미반응 산소와 질소 그리고 수증기만이 포함되어 공해가 발생하지 않는 무공해 상태가 된다.

연료전지 자동차는 자동차 내에 장착된 연료전지에서 연료인 수소와 산소를 반응시켜 전기를 얻은 후 생산된 전기로 모터를 움직여 주행하는 자동차이다. 그러나 연료전지 자동차는 연료가 되는 수소 압축 기술이 아직 완전하지 못하다는 점과 주유소 대신 압축수소 충전소가 전국에 설치되어야 한다는 문제점이 숙제로 남아 있다.

미국 에너지성 예측에 의하면 연료전지 자동차는 2004년 전후 소량 양산, 2010년 이후 본격 양산이 가능할 것이며 수소를 이용하는 연료전지 자동차는 2010년 전후 전체 수요의 4.5~11.0%가 될 것으로 예상하고 있다.

1997년 연료전지 자동차 기술 개발에 들어간 GM은 2002년 12월 '하이드로젠3'이라는 모델을 선보였다. 이 차는 최고 속도 시속 160km까지 높일 수 있는 기술을 보이고 있으며 2010년 양산을 목표로 하고 있다.

도요타와 닛산, 다임러-크라이슬러 등 세계 20개 자동차 회사는 1회 충전으로 500km까지 주행할 수 있는 연료전지 자동차의 공동 개발에 착수하였다.

현대, 기아자동차는 미국 연료전지 전문 회사인 UTC FC 사와 연료전지차 공동 개발을 통해 2010년부터 전기 자동차 양산을 추진하고 있다.

차돌이 Q 박사님, 물에 있는 수소를 이용해 자동차가 달린다니 신기해요. 공해도 전혀 없으니까 어서 수소 자동차가 만들어졌으면 좋겠어요.

박사 A 차돌이 생각이 옳아. 하지만 수소는 휘발유보다 다루기가 훨씬 더 까다로운 물질이란다. 기체 가운데 가장 가볍고 끓는점이 섭씨 영하 252.9도로 매우 낮기 때문에 새어 나가기가 쉽고 저장이 그만큼 어렵단다. 고압으로 수소를 압축하거나 LPG(액화석유가스)나 LNG(액화천연가스)처럼 액화시켜서 사용하려면 비용도 많이 들고 폭발 위험도 크단다.

차돌이 Q 압축이나 액화가 어렵다면, 그럼 수소는 어떻게 저장해야 하나요?

박사 A 수소를 안전하게 저장하기 위한 방법들이 그동안 많이 연구돼 왔는데 국내에서는 수소 저장법에 대한 획기적인 연구 결과가 나왔어. 한국과학기술원(KAIST) 생명화학공학과 이흔 교수팀이 수소 분자를 얼음 입자 속에 저장할 수 있다는 사실을 세계 처음으로 밝혀 내는 데 성공했는데, 관련 논문이 저명한 과학 저널 '네이처'의 '주목해야 할 논문'으로 실렸단다.

차돌이 Q 꽝꽝 얼린 얼음 속에 수소를 저장한다구요? 어떤 방법인지 박사님 자세히 알려 주세요.

박사 A 이흔 교수 연구팀은 섭씨 0도 부근에서 수소 분자가 얼음 입자 안에 만들어진 미세한 공간에 저장될 수 있다는 전혀 새로운 자연현상을 규명했는데, 순수한 물에 '테트라히드로푸란'이라는 유기물을 미량 첨가하여 얼음 입자를 만들었더니 무수히 많은 매우 작은 크기의 축구공 같은 공간이 생기면서 수소가 안정적으로 저장됐다고 해. 저장 매체로 사용하는 얼음은 물을 얼리면 만들어지므로 어디서나 쉽게 얻을 수 있고, 거대한 얼음 창고와 같은 공간에 수소를 대규모로 저장할 수도 있지.

앞으로 실용화 연구를 진전시키면, 수소 자동차나 수소 연료전지 등에도 이용할 수 있을 거야. 하지만 얼음 수소를 연료로 하는 자동차가 나오려면 기존의 수소 자동차와는 다른 새로운 메커니즘을 개발해야 한단다. 언젠가는 얼음을 넣고 달리는 자동차를 타고 다니면서 주유소나 LPG 충전소 대신 얼음 창고를 갖춘 '수소 충전소'에서 연료를 보충할 수 있게 되겠지. 어쩌면 우리나라가 수소를 저장하는 원천기술을 가진 나라가 될지도 몰라.

차돌이 Q 하이브리드 자동차는 어떤가요?

박사 A 가장 큰 장점은 연비가 상당히 높다는 거야. 연료를 덜 소모하게 되니까 환경에 도움이 되겠지. 하지만 차체에 엔진과 모터가 전부 부착되니까 구조가 복잡해지고 가격도 비싸져 구입과 수리가 어렵단다. 차체에 비해 엔진 용량이 작아서 급가속, 고속 주행 등 큰 힘이 필요한 경우엔 무리가 생길 수도 있단다.

차돌이 Q 거리에 나가면 자동차 매연에 콜록콜록 기침을 많이 했는데 앞으론 공기가 정말 깨끗해지겠네요. 그런데 박사님, 전기 자동차, 하이브리드 자동차, 연료전지 자동차 각각 좋은 점도 있고 나쁜 점도 있을 것 같아요. 설명해 주세요.

박사 A 전기 자동차의 장점은 배기가스가 없다는 거야. 100% 전기 모터를 사용하므로 비교적 주행 효율도 좋지. 엔진의 소음도 적고 폭발의 위험도 크지 않아. 하지만 전기 배터리가 너무 비싸서 자동차 가격도 상당히 비싸지. 납축전지 같은 경우엔 환경에도 매우 좋지 않아. 충전을 하는 데 오랜 시간이 걸리고 전기를 만드는 데 결국 또 동력이 필요하기 때문에 전체적인 환경에 있어서의 효율은 떨어지는 편이지.

차돌이 Q 미래형 자동차, 장점도 많지만 단점은 빨리 고쳐야겠어요. 그럼 연료전지 자동차는 어때요?

박사 A 연료전지를 사용하므로 전기 자동차처럼 따로 충전할 필요가 없지. 대신 수소를 공급해야 한단다. 연료전지 자동차는 부산물로 물만 나오니까 환경에도 매우 좋단다. 수소는 다루기 어려운 물질로 압축해서 운반해야 하는데 압축수소는 폭발의 위험이 크고 한꺼번에 대량의 수소를 싣고 달리기 어렵지. 수소 압축 기술이 아직 완전하지 못하다는 점과 주유소 대신 압축수소 충전소가 전국에 설치돼야 한다는 문제점이 숙제로 남아 있단다. 또한 수소를 만드는 데 동력이 필요해 전기 자동차보다는 덜하지만 역시 에너지의 낭비도 크단다.

태양광 자동차

태양광 자동차는 태양전지판을 붙여 전기를 일으켜 모터로 움직이는 자동차이다. 따라서 태양전지판의 원리에 대해 먼저 알 필요가 있다.

태양전지판은 두 개의 규소판을 사이에 두고 태양광이 규소판을 때려서 전자가 방출되는 원리를 이용하는 것이다. 이러한 태양전지판을 수천 개 직병렬로 연결해서 필요한 전기를 얻은 후 그 전기를 이용하여 모터를 돌려 자동차를 움직이게 하는 것이다.

현재 태양전지판은 전자계산기, 인공위성 등에 널리 사용되지만 아직은 발전 효율도 낮고 가격도 비싸기 때문에 실용성에는 문제가 많다. 전지판 면적에 비례해서 전력이 발생하기 때문에 가능한 가볍고 넓은 표면적을 유지하게 위해 비행기 날개처럼 납작한 형태의 자동차를 만들어야 한다.

또한 태양이 없는 밤에는 충전지를 이용해 전기를 충전해 두었다가 사용해야 한다.

문제는 태양전지의 효율로 앞으로 태양전지의 효율을 크게 할 수 있는 기술이 발전된다면 미래의 무공해 에너지원으로 각광받을 수 있을 것이다.

차돌이 Q 박사님, 태양광 자동차를 실제 운행하고 있는 나라도 있나요? 실용화가 얼마나 진행됐는지 궁금해요.

박사 A 스위스에서는 300여 개의 태양광 자동차가 출퇴근, 장보기, 청소 차량으로 이용되고 있단다. 일본의 '경 세라믹' 사가 2인승 도시형 솔라카를 개발하여 시험 중인데 곧 실용화할 것이라고 해. 이 차는 날씨가 좋은 날에는 달리면서 태양으로부터 직접 전기를 만들어 시속 60km를 낼 수 있고, 비가 오거나 구름이 낀 날에는 배터리에 축전해 놓은 전기로 모터를 돌려 달릴 수 있도록 만들었단다. 차체 길이는 3.2m 정도이고 엔진 뚜껑과 지붕이 전부 실리콘 태양전지판으로 되어 있어. 출력이 300W(와트)에 3kW짜리이고 납축전지 네 개를 가지고 있단다.

이 차 한 대를 만드는 데 1,000만 엔이 들어갔으나 대량 생산하게 되면 150만 엔 정도로 싸질 것이라고 해. 일본이나 스위스 외에 스웨덴과 네덜란드에서도 청소차나 우편배달차를 태양광 자동차로 바꾸어 쓰고 있단다.

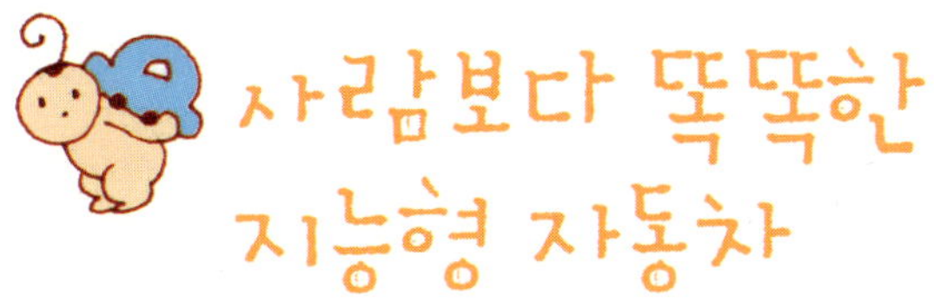

지능형 자동차는 정보기술을 활용한 가장 안전하고 성능이 뛰어난 차이다. 즉, 주행 상황에 따라 능동적으로 교통사고가 발생할 가능성을 감지해 사고의 경고나 지능형 교통 시스템(ITS)과 연계하여 단순 운송 수단이 아니라 운송과 정보 업무 수행 공간을 제공하는 기술을 갖춘 똑똑한 자동차를 말한다.

지능형 자동차는 현재의 좌석벨트, 에어백 등을 이용하여 사고를 최소화하고, 적극적인 사고 방지와 더 나아가 '자동 운전' 까지를 목표로 하고 있다.

지능형 자동차의 기술 발전 방향은 현재의 생명보호 시스템(안전벨트, 차체 구조)이나 상해 최소화(에어백, ABS) 장치와 같은 수동적 안전 기술(passive safety technology)에서 더 나아가 사고 회피(충돌 · 사고방지) 시

스템, 자동 운전(지능형 자율 운행) 시스템과 같은 능동적 안전 기술
(active safety technology)로 변화되고 있다.

사고 회피 기술, 예방 안전 기술에는 운전자가 미리 설정한 속도를
유지하며 앞에 가는 차량이 있을 때 자동으로 제동을 걸고 가속에 의해
앞 차량과 일정 거리를 유지하게 하는 지능형 속도제한 및 운전자의 부
주의로 인한 차선 이탈 가능성을 인식하고 경고할 수 있는 차선 인식 ·
이탈 경보 시스템 등이 있다.

사고 위험이 높은 야간에도 안전운행을 지원하는 기술이 있다. 적외
선 기술과 열영상 기술을 조합하여 야간 주행 시 운전자의 시야를 확보
하도록 해 안전운행을 지원하는 방향으로 발전하고 있다.

능동 섀시 기술은 기존의 기계적인 부품 대신 각 시스템을 전자 구동
방식으로 전환하여 차량의 전체적인 안전을 크게 향상시키고 운전자
의 운전 부담을 덜어 주고 위험한 순간에도 운전자를 도와주는 기술을
말한다.

브레이크 잠김 방지 장치(ABS: Anti-lock Brake System)는 타이어가 지
면에 달라붙는 것을 방지하여 자동차의 자세를 안정시키고 제동거리
를 단축해 빗길이나 눈길에서 자동차가 미끄러지거나 전복되는 것을
방지하기 위한 장치이다.

차량 주행 제어 장치(TCS: Track Control System)는 자동차의 출발 및
가속 시 바퀴가 헛도는 것을 방지해 차량의 가속, 등판 능력을 최대화
시키는 장치이다.

차량 균형 유지 장치(ESP: Electric Stability Program)는 주행 중 차량의 쏠림, 미끄러짐을 감지하여 엔진의 토크 및 각 바퀴의 브레이크를 전자적으로 제어함으로써 차량의 주행 안정성을 높이는 장치이다.

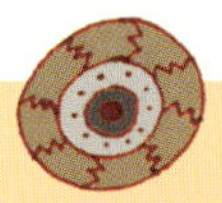

졸음을 방지하는 자동차?

지능형 자동차에 장착된 졸음 방지 장치는 획기적이다. 운전자의 눈 깜박임 횟수와 얼굴의 각도를 항상 카메라가 체크해 운전자가 졸고 있다고 판단하면 자동차에서 잠을 깨워 주는 방향제가 분출된다. 그래도 운전자가 잠을 깨지 않으면 경고음과 함께 자동차가 자동으로 운행을 정지한다.

이러한 시스템은 일본 닛산자동차가 이미 개발을 끝낸 상태이다. 충돌 경고 장치도 상당한 수준으로 개발이 진행된 상태이다. 자동차에 장착된 모니터로 안전거리 내에 장애물이 나타나면 주행 속도를 낮추면서 운전자에게 경고를 한다. 그래도 운전자가 조치를 취하지 않을 경우 자동차가 알아서 장애물을 안전하게 피해간다.

운전자가 졸면 깨워 주고 장애물은 알아서 피해가는 말 그대로 자동차가 자동으로 움직여 주는 시대가 다가오고 있다. 교통사고로 인한 인적, 재산 피해액은 우리나라의 경우만 하더라도 2002년 기준 18조 원 이상으로 막대하다. 또한 앞으로의 자동차 산업의 국제경쟁력은 지능형 차량과 환경 관련 기술력에 의해 결정될 것이라는 점에서도 미래자동차 기술의 중요성은 아무리 강조해도 지나치지 않을 것이다.

텔레매틱스 기술

정보화된 자동차

텔레매틱스는 'Telecommunication(정보통신)'과 'Informatics(정보과학)'를 합친 합성어로서 자동차 안에 GPS(위성 항법 장치) 내장형 첨단 통신단말기 장착 및 각종 전자 장치와 연결되어, 운전에 필요한 정보를 제공하고 완전한 운전을 도와주는 첨단 시스템이다.

차량의 정보화는 통신과 인터넷 정보기술을 활용한다. 실시간으로 각종 교통 정보를 정확하고 신속하게 전달하는 차량 정보 시스템(Vehicle Information Communication System)과 차량 내 네트워크(IVN)를 통하여 정보통신기술을 자동차에 접목시키는 것이다.

한 예로 텔레매틱스 단말기가 차량 안의 각종 전자제어 장치와 센서들로부터 신호 데이터를 받아 차량의 고장 또는 이상 여부를 체크하고,

이상 징후가 발생하면 해당 데이터를 센터에 전송해 차량의 이상 여부를 정밀 진단한다.

이상 또는 고장이 확인되면 그 사실을 운전자에게 알려 주고, 적절한 정비 센터를 안내해 준다. 정비 센터에도 차량 고장 데이터를 전송하기 때문에 해당 차량이 도착하는 즉시 필요한 정비 서비스를 받을 수 있게 된다.

또한 텔레매틱스는 운전자가 일일이 체크해야 하는 각종 중간 점검, 소모품 및 부품 교체시기 등을 미리 인지해 알려 주기도 한다.

이러한 원격 진단 기술이 좀 더 고도화되면, 고장 발생 이전에 문제를 사전 탐지하여 적절한 조치를 취하도록 안내해 주는 '예방 진단'이 실용화될 것이다.

텔레매틱스는 차량과 센터를 연결하는 정보 단말기일 뿐 아니라, 기존의 라디오나 테이프 등에서 한층 업그레이드된 훌륭한 엔터테인먼트 도구이다. 인터넷에서 MP3를 내려 받아 들을 수 있고, 온라인 영화를 볼 수 있으며 온라인 게임도 할 수 있다. DMB 방송도 보고 들을 수 있을 것이다.

물론 인터넷에 접속하여 e메일을 확인하고 각종 인터넷 사이트를 서핑하여 원하는 정보를 찾아볼 수도 있다. 온라인 쇼핑과 영화나 공연장 예매도 할 수 있다.

텔레매틱스의 이런 콘텐츠 서비스는 특히 통신망의 속도와 밀접한 관련이 있는데, 무선 인터넷이 상용화되면 DVD 수준의 영화를 요금에 대한 부담 없이 자유롭게 이용할 수 있게 될 것이다.

텔레매틱스는 가상 공간의 확장을 통해 차 속에서의 삶을 풍요롭게 할 뿐 아니라, 이동 수단이라는 자동차 본래의 기능도 더욱 강화한다. 최적 경로를 산출해 가장 빠르고 안전하게 이동하게 해 주며, 더 나아가 도로 자체를 지능화한 지능형 교통 시스템과의 융합을 통해 무인 자동 운전을 가능하게 해 줄 것이다.

1920년대에 자동차용 라디오가 처음 나왔을 때 모두 사치품이라고 했지만 지금은 필수품이 된 것처럼, 앞으로는 텔레매틱스가 없는 자동차 또한 상상할 수 없을 것이다.

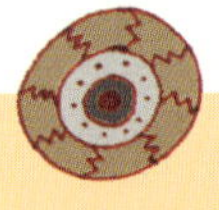

지능형 교통 시스템(ITS)이란?

원격 제어와 동적 내비게이션 그리고 음성 인식 등의 기술이 정착되어 자동차가 충분히 똑똑해지게 되면, 비행기의 자동 운전(Autopilot)과 같은 형태의 자동 운전(Autonomous Driving)도 꿈꾸어 볼 수 있을 것이다. 물론 이는 자동차뿐만 아니라 도로 역시 똑똑해지는 것을 전제로 하는데 그게 바로 지능형 교통 시스템이다. 현재 올림픽대로, 내부순환도로 등 일부 지역에서 극히 초보적인 기능이 시험 운행되고 있는 단계인데, 건설교통부가 수립한 '국가 ITS 기본 계획 21'에 따르며 2020년에는 도심 자동 주행이 가능하다고 한다.

지능형 교통 시스템은 첨단 교통 관리 분야(ATMS), 첨단 교통 정보 분야(ATIS), 첨단 대중교통 분야(APTS), 첨단 화물운송 분야(CVO), 첨단 차량 및 도로 분야(AVHS) 등으로 구성된다.

20세기 자동차 산업이 본격적으로 발전하기 시작한 이후 세계 자동차 산업을 이끌어 왔던 미국의 자동차 회사들이 최근 들어 큰 어려움을 겪고 있다. 그동안 자동차 종주국인 미국의 체면을 지켜 왔던 GM마저도 세계 최고의 자동차 생산량의 자리를 일본 도요타에 빼앗겼고 거기에 더해서 GM 사가 문을 닫을지도 모른다는 위기에 처하기까지 했다.

자동차와 사람 그리고 자연이 함께 어울려야 한다는 커다란 틀에서 살펴본다면 미국의 자동차 회사들이 겪고 있는 어려움에는 나름대로의 이유가 있다.

세계 최초로 자동차의 대량 생산을 이끌어 냈던 미국의 자동차 산업은 풍부한 석유 자원과 거대한 자동차 시장을 바탕으로 커다란 성장을 이루었고 또 그 성장의 끝이 없는 듯 보였다. 미국 자동차 소비자들의 욕구와 자동차 회사의 이윤 추구가 함께 맞아떨어져 대형 자동차의 생산이 미국 자동차 회사의 목표가 되었고 이것은 화석연료를 더 이상 쓸 수 없을 것이라는 위기감이 들기 전까지 미국 자동차 산업의 성장을 이끌었던 것이다.

그러나 1970년대 두 번에 걸쳐 전 세계적으로 발생한 유류 파동의 충격은 미국 자동차 산업의 큰 틀을 위협하게 된다.

넓은 지역에 걸쳐 도시들이 띄엄띄엄 떨어져 있는 미국이라는 나라의 특성상 자동차의 장거리 주행이 많기 때문에 미국의 소비자들이 크고 편안한 차를 찾는 것은 당연한 욕구이기도 하였다. 그러나 그 욕구를 끝없이 만족시키기 위해서는 어쩔 수 없이 자연환경의 희생을 강요할 수밖에 없었다. 그 결과는 미국의 자동차 소비자들의 의식을 변하게

만들었다.

1980년대에 들어서서 일본의 성능 좋고 저렴한 중소형 승용차가 미국 시장에 진출하고 소비자들의 자동차에 대한 생각이 변화하면서 미국 자동차 회사들은 큰 위기를 맞게 된다.

이를 만회하기 위하여 미국 자동차 회사들은 정부와 협력하여 대책을 세우기 시작하는데, 1990년대 초반 미국은 클린턴 정부가 들어서면서 자동차 회사 빅3인 GM, 포드, 크라이슬러가 함께 만든 USCAR(US Council for Automotive Research)와 연방 에너지부가 연합하여서 협력 프로젝트를 시작하였다.

'차세대 자동차를 위한 협력(PNGV: Partnership for a New Generation Vehicles)'으로 이름 붙여진 이 프로젝트는 미국인들이 좋아하는 대형 승용차를 대상으로 하여 연비를 휘발유 1리터당 34.5km까지 끌어올리는 자동차 기술 개발을 목표로 정하고 하이브리드 자동차와 연료전지 자동차 그리고 새로운 디젤 엔진의 개발과 관련된 기술 개발을 추진하였다.

그리고 클린턴 이후 부시 정부에서도 자동차 산업의 세계 1위 자리를 지키겠다는 미국 정부와 자동차사들 간의 공감대는 계속되었다. 2003년에는 차세대의 자동차 기술을 확실하게 주도하겠다는 야심 찬 새로운 계획으로 수소연료 시대를 선포하면서 연료전지 자동차 개발을 목표로 하는 프리덤 카(Freedom Car) 프로그램을 발표하였다.

오랫동안 많은 금액의 연구 자금을 투입한 결과 연료전지 자동차 기술이 빠르게 발전하고 있지만 연료전지 자동차를 시장에서 소비자가 구입할 수 있게 하기 위해서는 해결해야 할 문제가 많이 쌓여 있다. 따라서 언제쯤 연료전지 자동차가 우리 실생활에 등장할 수 있을지를 예측하기는 힘든 일이다.

연료전지 자동차의 실용화를 위해서는 연료전지 자동차와 직접적으로 관련된 기술 개발이 더 이루어져야 될 뿐만 아니라 수소연료를 안전하게 공급할 수 있는 방법을 개발해야 한다. 그리고 경제성 있는 수소연료를 제조할 수 있는 기술 개발과 수소를 만드는 데 필요한 전력을 공급할 발전소의 증설이 필요하다.

현재 우리가 사용하는 가솔린이나 디젤 자동차와 직접적으로 이해관계가 연결된 미국의 거대한 정유 회사들은 자신들의 이익을 지키기 위하여 연료전지 자동차 개발에 부정적인 입장을 보이고 있다. 이것 또한 연료전지 자동차 실용화에 중요한 변수로 작용하고 있다.

연료전지 자동차의 개발과 관련된 이러한 문제들이 해결되기 위해서는 어쩔 수 없이 많은 시간이 필요할 것이다. 전문가들은 연료전지 자동차가 일러도 2010년 이후에나 우리 실생활에 등장할 것으로 보고 있으며 또 다른 전문가들 중에는 2020년 이후에도 연료전지 자동차의 상용화가 힘들 것이라고 보는 사람도 있다.

자동차 왕국인 미국을 중심으로 이루어지는 연료전지 자동차가 결국은 미래자동차 산업의 중심이 될 것은 틀림없지만 아직은 현실적으로 연료전지 자동차의 상용화에 긴 시간이 필요한 것이 사실이다.

미국이 연료전지 자동차 개발을 미래자동차 산업의 새로운 모습으로 설정하고 추진하고 있다. 반면 유럽에서는 1930년대 처음 개발한 디젤 엔진 자동차의 기술 개발에 더 큰 힘을 기울이고 있다. 코먼 레일 엔진(Common Rail Direct Injection Engine)의 개발에 힘입어 차량 주행 성능은 물론이며 진동 및 소음도 가솔린 승용차에 뒤지지 않는 수준이다.

기존의 기계식 디젤 엔진은 실린더 속으로 연료를 뿜어 내는 인젝션 펌프에 의해서 개별적으로 실린더에 유입된 공기를 압축한 후 고압의 연료를 분사하여 폭발한다. 이와는 달리 코먼 레일 엔진은 고압 펌프를 구동하여 압력을 형성한 다음 분사시기에 맞춰 연료를 전자 제어에 의해 직접 분사하는 방식이다. 이에 따라 엔진 효율이 높아지고, 공해 물질이 적게 배출되며, 작은 크기의 디젤 엔진을 만들 수도 있어서 소형

자동차에도 적용할 수 있다.

코먼 레일 엔진은 기존의 디젤 엔진에서 나타나는 기계적인 연결에서 생기는 진동과 소음이 발생하지 않기 때문에 코먼 레일 엔진이 적용된 승용차는 가솔린 엔진 자동차 못지않은 정숙한 운전이 가능하다.

유럽의 자동차 운전자들의 디젤 엔진 승용차에 대한 호응도 대단하다. 승용차 시장의 절반을 넘어서는 수준으로 디젤 엔진 승용차 시장이 빠르게 성장하고 있으며 유럽의 영업용 택시는 대부분 디젤 엔진 승용차를 사용하고 있는 실정이다.

디젤 엔진 자동차의 최대 약점으로 지적되는 매연과 입자상 물질의 배출도 이를 저감할 수 있는 매연 여과 장치(DPF: Diesel Particulate Filte) 기술이 이미 상용화 수준에 도달하여 디젤 엔진 자동차의 표준 부품으로 부착되고 있다. 또 도시 스모그의 주 원인인 질소산화물의 발생도 억제시키는 기술이 상용화 직전에 와 있어 가솔린 엔진 자동차와 동일한 기준을 적용하고 있는 미국의 엄격한 디젤 엔진 자동차 배출허용 기준도 만족시키는 수준에 도달하였다.

특히 디젤 엔진 자동차의 경우 지구 온난화의 주범으로 불리는 이산화탄소의 발생량이 가솔린 엔진 자동차에 비해 20~30% 이상 적게 배출된다는 사실도 강점으로 이야기되고 있다. 또한 디젤 엔진 자동차의 높은 연비는 고유가 시대를 살아가는 소비자들에게 강한 매력으로 다가오고 있다.

미국, 유럽과 함께 세계 자동차 산업의 또 하나의 중심인 일본에서는 미국이나 유럽과는 차별되는 미래자동차 기술 개발이 추진되고 있다.

일본은 도요타자동차를 중심으로 세계에서 가장 앞선 하이브리드 자동차 기술을 개발함으로써 세계 자동차 시장에서 새로운 일인자가 될 꿈을 꾸고 있다.

하이브리드 자동차가 실생활에 쓰이는 데 최대의 약점이었던 높은 가격은 일본 정부의 저공해 자동차 지원 정책과 자동차사의 자기 부담 방식을 통하여 소비자 부담을 최소화함으로써 하이브리드 자동차의 초기 보급을 가능하게 하였다.

또한 계속되는 기술 개발의 결과로 생산 차량 규모를 확대하는 데 성공함으로써 하이브리드 자동차는 이제 소비자가 큰 부담 없이 구입할 수 있는 단계에 진입하였다.

최근의 국제 유가의 상승은 미국 내의 자동차 연료 가격에도 큰 영향을 끼쳤고, 그동안 기름값만큼은 걱정이 없었던 미국의 소비자들도 자동차 연료비에 큰 부담을 느끼게 되었다.

이런 상황 속에서 미국에 진출한 일본의 하이브리드 자동차의 인기는 계속 올라가고 있다. 또한 미국에서도 저공해 자동차에 대한 정부의 지원 제도가 생겨나서 일본의 하이브리드 자동차 진출 여건도 상당히 좋아진 편이다.

1907년부터 가솔린 엔진을 탑재한 택시가 사용되었던 뉴욕에서는 2005년 11월 10일 뉴욕의 택시 역사에 새로운 획을 긋는 일이 일어났다. 지금까지 가솔린 자동차뿐이었던 택시 업계에 미국 최초로 하이브리드 택시가 등장한 것이다.

이러한 상징적인 변화는 하이브리드 자동차가 미래자동차의 선발주자로서 소비자의 선택을 받을 수 있는 좋은 환경을 만들고 있다.

수천 년 전 바퀴의 발명과 함께 시작된 스스로 움직이는 탈것에 대한 인류의 꿈과 상상은 오늘날 자동차를 생활의 필수품으로까지 만들었다. 때로는 우리의 생활에 절대적으로 필요한 이유에서, 때로는 단지 우리의 감성을 만족시키기 위해서 우리는 자동차를 개발하고 발전시켜 왔다.

이러한 자동차의 발전은 21세기가 막 시작된 지금도 계속 이어져, 우리의 상상을 현실 속에서 실현시키고 있다. 영화에서나 볼 수 있었던 로봇 형태의 탈것도 등장하고 필요에 따라 모습을 바꾸는 자동차도 등장하고 있다. 때로는 비행기로 때로는 배로 그 용도를 바꿀 수 있는 자동차도 결코 불가능한 상상이 아니다.

　하지만 무엇보다도 우리의 상상을 더 확장시켜야 할 분야가 있는데, 그것은 바로 환경을 보전하고 우리의 생명을 보호하는 자동차에 대한 상상이다. 한정된 화석연료의 효과적인 사용을 위해서도 또 재앙에 가까운 기상이변을 막기 위해서도 친환경 자동차에 대한 새로운 꿈과 상상이 필요하다.

　또한 이제는 생활의 필수품으로 등장했지만 때로는 달리는 흉기가 되어 우리의 목숨을 위협하는 자동차의 피해를 적극적으로 줄일 수 있는 방법을 상상해 봐야 한다. 마치 로보캅의 두뇌에 인간을 보호해야만 한다는 프로그램을 설치한 것처럼 사람을 적극적으로 보호하는 자동차도 우리의 상상을 시작으로 현실화될 것이다.

　한편으로는 미래자동차와 관련된 우리의 새로운 상상을 막는 일들도 벌어질 것이다. 미국의 경우 연료전지 자동차의 개발을 기존의 정유회사들이 자신들의 이익 때문에 막고 있는 것처럼 말이다. 새로운 자동

급정거로 인해
목 보호대를
터뜨렸습니다.
끼~익
통행자를 보호할
손바닥 에어백이
나갑니다.

차 기술의 개발은 여러 분야에서 사람들에게 새로운 모습의 삶을 선택하게 할 수도 있을 것이다.

예를 들어, 지능형 자동차의 발전은 언젠가는 기사가 필요 없는 택시도 가능하게 할 것이다. 이때 관련 당사자들이 느낄 불안감은 19세기 유럽의 산업혁명 시기에 처음으로 증기 엔진이 발명되고 자동차와 기차가 등장하였을 때, 당시 사람들이 느꼈던 기계가 자신들의 일자리를 빼앗을 것이고 안전을 위협할 것이라며 느꼈던 막연한 불안감과 크게 다르지 않을 것이다.

하지만 당시의 마부나 사람들이 가졌던 불안감이 결국 사람들 스스로의 적극적인 통제와 조절로 사라졌듯이 기술의 발전은 우리의 상상력의 통제를 받으며 자연스럽게 새로운 삶의 형태에 우리를 적응시킬 수 있을 것이다.

미래자동차는 단지 기술의 개발만으로 완성되는 것이 아니라 기술과 인간 그리고 자연의 조화를 꿈꾸는 우리의 새로운 상상력과 함께할 때 우리에게 현실로 다가올 것이다.

차돌이, 2020년 미래자동차 (퓨처카 future-car)를 타다!

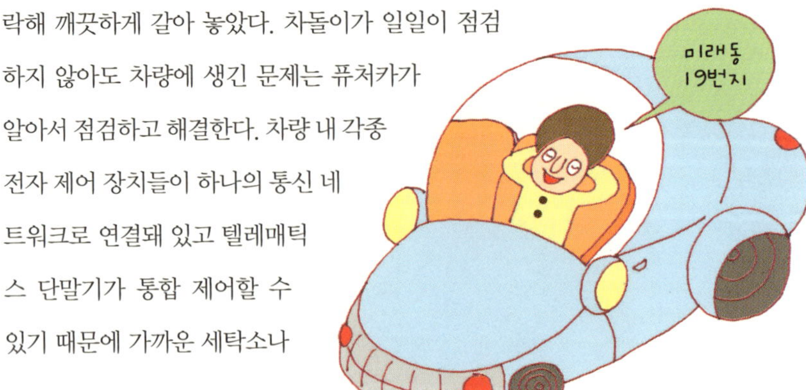

차돌이가 외출을 준비하고 있다. 자동차 시동은 집을 나서기 전 리모컨으로 이미 걸어 둔 상태이다. 차돌이가 2020년형 '퓨처카'에 다가서자 '어서 오십시오' 하고 먼저 주인을 알아본 '퓨처카'가 반갑게 인사를 한다.

오늘 갈 곳은 차돌이가 맡게 된 새로운 거래처. 처음 가는 길이지만 걱정할 것 없다. 주소만 있으면 목적지를 퓨처카가 알아서 찾아 줄 테니까 말이다. 연료 상태와 고장 여부 등 차량 점검도 퓨처카가 이미 마쳐 놓았고, 어제 커피 얼룩이 묻은 보조석 시트는 퓨처카가 가까운 세탁소에 연락해 깨끗하게 갈아 놓았다. 차돌이가 일일이 점검하지 않아도 차량에 생긴 문제는 퓨처카가 알아서 점검하고 해결한다. 차량 내 각종 전자 제어 장치들이 하나의 통신 네트워크로 연결돼 있고 텔레매틱스 단말기가 통합 제어할 수 있기 때문에 가까운 세탁소나

정비소, 병원, 회사, 거래처 등 그 어디든지 퓨처카는
연락을 취해 자신의 문제를 해결한다.

새 거래처 사람을 만
날 생각에 차돌이의 마
음은 약간 초조한 상태이
다. 차돌이의 기분을
알아챈 퓨처카가 마
음을 안정시키는 부
드러운 카모마일 방향제
와 발라드 가요를 준비했다.
운전대를 잡을 것도 없이 퓨처카

는 스스로 최적 경로를 산출해 목적지로 달리기 시작한다. 퓨처카가 스스로 운전
하는 과정에선 동적 내비게이션(Dynamic Navigation) 기술과 자동 운전 시스템
(Autonomous Driving System)이 사용된다.

동적 내비게이션이 기존의 내비게이션과 다른 점은 교통 정보 센터에서 실시간
교통 정보를 파악하여 최적의 경로를 산출한다는 점이다. 운전자는 운전을 하면
서 동시에 길을 찾거나 지도를 보는 대신, 단말기에서 나오는 지시에 따르기만 하

면 된다. 차돌이는 새 거래처에서 하게 될
프레젠테이션 자료를 집에 놓고 온 것을 뒤늦게 알았다. 그러
나 무선 인터넷이 있으니 걱정은 그만. 퓨처카에 부착된 인터넷 단말기를 통해 집
안에 있는 차돌이의 노트북에 연결해 프레젠테이션 자료를 쉽게 내려 받았다. 이
동 중 도착한 e메일은 퓨처카의 음성 정보 도우미가 실시간으로 알려 준다. 지난
주 빙판길에서 갑자기 접촉사고가 났을 때 퓨처카는 자신에 장착된 센서로 사고
를 자동 감지하여 그 정보를 센터로 보내 보험 문제에서부터 차량 정비까지 손
쉽게 끝낼 수 있었다.

퓨처카는 도난 위험도 없다. 도난 방지
서비스(Anti-theft)와 도난 차량 추적 서
비스(Stolen Vehicle Tracking)가 작동하
기 때문이다.

도난 방지 서비스의 경우 허락
되지 않은 사람이나 방법으로 차
량에 접근하게 되면 센서가 이를 감
지하여 센터로 정보를 보내게 되

고, 센터는 차량 소유자와 경비 업체, 경찰에 연락하여 범인을 검거하게 된다.

도난 차량 추적 서비스는 이용자가 도난 차량을 신고하게 되면 GPS를 통해 그 차량의 위치를 추적하게 되고, 그 정보를 경찰에 알려 범인을 검거하고 차량을 회수하는 서비스.

편안하고 안전하게, 여기에 다재다능한 엔터테인먼트 기능까지 갖춘 퓨처카는 차돌이를 목적지까지 교통체증을 피해 최적의 경로로 최단 시간에 실어 주는 데 성공했다.

이제 자동차를 옷처럼 입자

미래형 1인승 자동차, 아이 스윙(I-SWING)

사람들로 가득 찬 버스나 전철을 타고 숨 막힐 듯이 회사로 향하는 힘겨운 모습을 앞으로는 더 이상 보기 힘들게 될지도 모른다. 첨단 1인용 이동 수단이 속속 만들어지고 있기 때문이다. 만화 영화에서나 볼 수 있었던 첨단 자동차의 시대가 열린 것이다.

일본의 도요타자동차는 2005년 도쿄 모터쇼에서 '아이 스윙'이라는 첨단 미래형 개인 이동 장치를 발표했다. 아이 스윙은 '탄다'라기보다는 '입는다'는 말이 더 어울릴 정도로 사람의 몸에 꼭 맞는 자동차이다.

아이 스윙

아이 스윙의 가장 큰 특징은 우리의 생활환경에 적합하게 하기 위해 인간에 가까운 자유로운 움직임을 실현하고 있다는 것이다. 아이 스윙은 큰길에서는 두 개의 뒷바퀴와 한 개의 앞바퀴를 모두 사용하여 세 바퀴로 달릴 수 있지만, 사람들이 많은 복잡하고 좁은 장소에서 느린 속도로 움직일 때에는 앞바퀴를 차체 안으로 집어넣고 두 바퀴로 달릴 수도 있다.

두 바퀴로 움직일 때에는 자이로 센서를 사용하여 차체를 제어하는데, 마치 오뚝이처럼 자동으로 차의 균형을 유지하여 넘어지지 않는다. 또한 두 바퀴로 달릴 때는 차의 높이가 낮아지도록 설계하여 탑승자의 눈높이도 낮아지는데, 이때 탑승자는 두 발로 걷는 것과 같은 느낌으로 옆의 보행자와 이야기를 주고받으면서 이동할 수가 있다.

아이 스윙의 차체는 외부의 충격을 쉽게 흡수하는 저반발의 우레탄 소재로 만들어졌으며, 바깥쪽은 쉽게 붙였다 뗐다 할 수 있는 직물 소재로 둘러싸여 있다. 따라서 탑승자의 기분에 따라 쉽게 차의 색상을 바꿀 수 있어 자신이 원하는 분위기를 만들 수 있다.

아이 스윙은 자동차라면 꼭 있어야만 할 액셀러레이터, 브레이크, 스티어링 휠(핸들)이 없다. 대신 차체의 양쪽에 달려 있는 조이스틱으로 운전을 하는데, 마치 오락실 게임기를 조종하듯 스틱을 앞으로 밀면 액셀러레이터의 역할을 하고, 뒤로 당기면 차량이 정지하며, 다이얼을 움직여 방향을 전환한다.

또한 좌우 뒷바퀴에 휠 인 모터(wheel in motor)를 채용하여 뒷바퀴를 하나씩 독자적으로 움직일 수 있기 때문에 양쪽 바퀴가 동시에 미끄러지는 것을 막아 준다. 그 자리에서 회전하려면 회전 모드로 전환한 다음 다이얼을 회전시킨다. 그러면 좌우 앞바퀴의 꺾이는 각도를 각각 따로 제어하여 두 개의 뒷바퀴가 함께 역회전하며 그 자리에서 빙 돌 수 있어 언제 어디서나 좁은 장소에서도 민첩하게 회전할 수 있다. 다이얼을 통한 방향 전환 외에도 마치 스키를 타듯이 사람의 체중을 이동하여 방향을 전환할 수도 있다. 아이 스윙에는 인공지능식 대화(AI Communication)라는 첨단 기술이 사용되어 탑승자의 습관과 성향을 저장 분석하여 탑승자 개개인의 개성이 더 잘 표현될 수 있게 한다. 또 두 대의 아이 스윙을 접근시켜 자신의 조종으로 다른 쪽의 어린이가 탄 아이 스윙을 자동으로 조종할 수도 있다.

물에서도 땅에서도 거침없이 달린다

수륙양용 자동차

물과 땅 위를 모두 달릴 수 있는 수륙양용 자동차는 자동차 역사의 초기에서부터 개발되었다. 하지만 수륙양용 자동차는 군사적인 목적과 그 밖의 특수한 용도로만 쓰였을 뿐 우리 생활에서 실제로 활용되기에는 많은 어려움이 있었다.

2006년 여름, 스위스 자동차 업체인 린스피드 사의 수륙양용차 '스플래시'가 기네스북의 기록을 세우면서 수륙양용 자동차는 더 이상 특수한 목적의 자동차가 아닌 일반인도 쉽게 이용할 수 있는 실용적인 자동차로서 관심을 받을 수 있게 되었다.

스플래시는 다층 구조의 탄소 섬유 복합 소재를 차체에 사용하여 자동차의 무게를 825kg까지 줄일 수가 있었다. 엔진은 2기통 140마력 터보 엔진을 장착했으며 6단 변속기를 달아 육지에서는 최고 시속 200km로 달릴 수 있다.

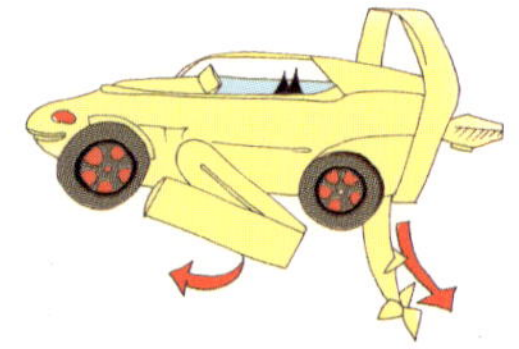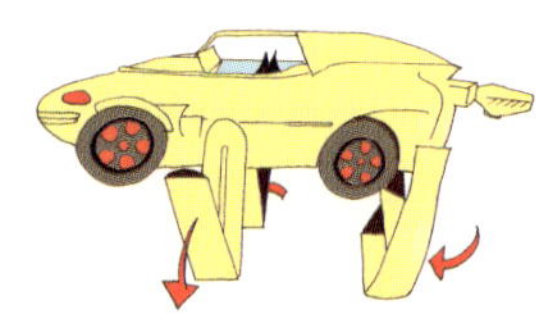

물에서는 일반적인 배의 형태로 항해할 수 있고, 또 수중익 형태로 물 위에 떠서 움직일 수도 있는데 수중익 형태로 항해할 경우에는 지금까지 개발되었던 수륙양용 자동차들과는 비교할 수 없는 최고 시속 80km의 성능을 낼 수가 있다.

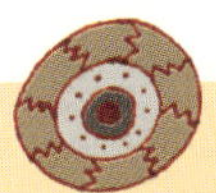

탄소 섬유 – 미래자동차의 소재

현재 대부분의 자동차는 여전히 강철판을 자동차의 소재로 사용하고 있다. 하지만 자동차의 무게는 줄이고 내구성을 높이기 위해서 새로운 소재가 끊임없이 개발되고 있는데, 궁극적으로 미래의 자동차들은 탄소 섬유를 사용한 탄소 섬유 복합재가 차체의 중요한 소재로 사용될 것으로 예상되고 있다.

탄소 섬유가 처음 알려진 것은 약 100년 전 에디슨이 대나무 섬유를 탄화하여 전구의 필라멘트로 사용했을 때인데, 아직까지 탄소 섬유 복합재(carbon fiber composites)의 생산 가격을 낮추는 문제가 탄소섬유 자동차의 실용화에 가장 큰 걸림돌이다.

탄소 섬유의 큰 장점은 강철의 5분의 1 정도의 무게로 같은 수준의 강도를 보유한다는 것이다. 전문가들은 현재 자동차에서 철 등 금속 소재의 절반을 탄소 섬유 복합재로 대체하면 자동차 무게의 60% 정도를 줄일 수 있으며, 연료 소비량은 30% 정도 줄일 수 있다고 한다.

또한 무게가 줄어든 자동차에는 보다 작은 엔진이 사용될 수 있기 때문에 결과적으로는 연료 효율성이 증가되어 온실가스나 다른 가스들의 배출량이 10~20% 정도 감소하게 된다.

탄소 섬유 자동차는 안전에서도 큰 문제점이 없다. 충돌 시뮬레이션 결과 탄소 섬유 자동차는 현재와 같은 철재 내지 금속재 자동차와 비슷하거나 더 좋은 안전성을 보여 주고 있다.

꽉 막힌 도로 날아서 간다

하늘을 나는 자동차

대도시의 교통체증은 이제 더 이상 인내심만으로 버티기에는 힘든 상황이다. 막히지 않으면 10분이면 갈 거리를 1시간이 넘게 걸려서 겨우 가는 경우도 흔히 볼 수 있는 광경이다.

하지만 꽉 막힌 도로 한가운데 갇힌 채 답답해할 수밖에 없었던 우리의 일상은 새로운 꿈을 꾸는 사람들의 노력으로 변화할 수 있게 되었다.

하늘을 나는 자동차는 사람들의 상상력을 자극하는 매력적인 운송 수단이다. 영화에서나 볼 수 있던 하늘을 나는 자동차가 실제로 3년 안에 소비자들에게 판매가 될 예정이다. 해외의 웹 사이트에 소개되어 최근 큰 관심을 얻고 있는 미국의 테라퓨지아(Terrafugia) 사가 만든 '트랜지션(The Transition)'이라는 변신 자동차는 평소에는 땅에서 8m 정도 되는 날개를 접고 자동차로서 주행을 하다가 공항 또는 짧은 활주로가 확보된 자리에서는 날개를 펴고 하늘을 나는 비행기로 변신할 수 있다.

꽉 막힌 도로 날아서 간다

육지에서는 최고 속도 216km로 달릴 수 있고, 하늘에서는 192km의 순항 속도를 낼 수가 있다. 한 번의 연료 주입으로 하늘에서 최고 8시간 동안 머물 수 있을 정도로 비교적 연료를 적게 소모하는 경제성도 가지고 있다. 현재 마지막 남은 몇 가지의 문제점을 해결하는 작업을 거쳐서 2009년에 판매될 계획이다. 트랜지션의 가격은 약 15만 달러로 예정되어 있다.

한편 트랜지션보다 더 일찍 개발된 '스카이 카'라는 하늘을 나는 자동차가 있다. 스카이 카는 트랜지션과는 달리 활주로가 필요 없고 언제 어디서나 수직 이착륙을 할 수 있다는 장점이 있다. 하지만 아직까지 스카이 카는 관계법령상 일반도로에서 주행 중 갑자기 비행할 수는 없고 오직 공항과 공항 사이만 다닐 수 있는 것으로 알려졌다.

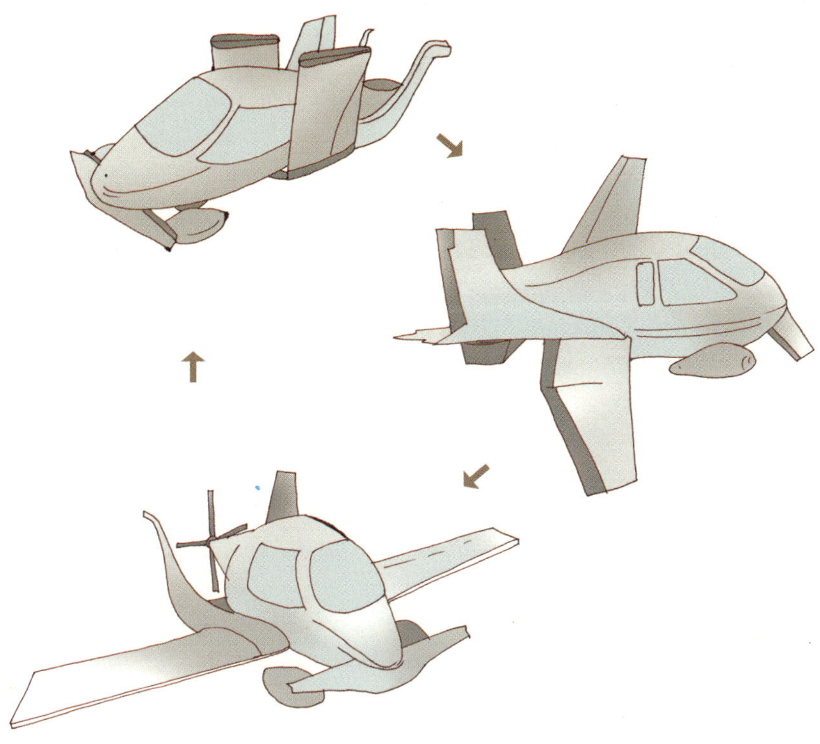

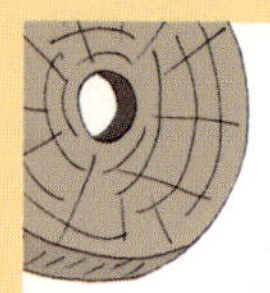

참고문헌

강명한, **바퀴는 영원하다**, 청림출판사, 1976

강명한, **포니를 만든 별난 사람들**, 정우사, 1986

이기준 외, **공학기술 복합시대**, 생각의나무, 2003

정갑영, **나무 뒤에 숨은 사람**, 영진닷컴, 2002

정세영, **미래는 만드는 것이다**, 행림출판, 2000

산업연구원(KIET), **한국자동차산업 중장기 발전계획**, 2003

일본자동차공업회, **주요국 자동차 통계**, 1998

윤준모, **한국자동차공업 70년사**, 교통신보사, 1975

자동차부품산업진흥재단, **자동차 신기술 동향 및 대응과제 연구보고서 0203**, 2003. 9

쌍용자동차주식회사, **자동차편람**, 1993

한국자동차공업협회, **2003 한국의 자동차산업**, 2003

현대자동차, **도전30년 비전 21세기: 현대자동차 30년사**, 1997

현대자동차, **현대자동차사사**, 1992

현대자동차, **자동차산업**, 1999 · 2000 · 2001

玄永錫, **韓國自動車産業論**, 世界思想社, 京都, 일본, 1991(日語版)

현영석, **한국자동차산업 기술발전에 관한 실증분석: 1962~1986**, 한국과학기술원, 박사학위논문, 1988

한국경제신문, 2003. 10. 27

Automotive News, **Market Data Book**, 2003.

Young-Suk Hyun, "Can Hyundai Go It Alone" Long Range Planning, 1989 Vol. 21 No.1

Young-Suk Hyun, **The Road to Self-reliance: New Product Development of Hyundai Motor Company**, MIT IMVP Working Paper 1995.

David Ellison, Kim B. Clark, Takahiro Fujimoto, young-suk Hyun, **Product Development Performance in the Auto Industry: 1990s Updated Working Paper**, Harvard Business School, 1995(95-066)

Linsu Kim. **Imitation to Innovation**, Harvard Business School Press, 1997

Power and Data Associate, **New Car Initial Quality Survey**, 각 연호

John B. Rae, **The American Automobile**, University of Chicago Press, 1965

Alfred P Sloan Jr, **My Years with General Motors**, Anchor Books, 1972

UN, **Transnational Corporation in the Auto Industry**, UN Centre on Transnational Corporation, New York, 1983

UNIDO, **International Industrial Restructuring and the International Division of Labour in the Automotive Industry**, Working Paper on Global Restructuring, Paris, 1984

James P. Womack, Daniel T. Jones, Daniel Roos, **The Machine that Changed the World**, Rawson Associate, 1990(현영석 역, **생산방식의 혁명**, 기아경제연구소, 1991)